LOVE AND SEX IN THE NATURE

自然中的爱与性

苦苓 著

北京时代华文书局

图书在版编目（CIP）数据

自然中的爱与性 / 苦苓著． -- 北京 ： 北京时代华文书局， 2019.3
ISBN 978-7-5699-2921-8

Ⅰ．①自… Ⅱ．①苦… Ⅲ．①动物－生殖生理学－普及读物 ②植物－繁殖－普及读物 Ⅳ．① Q492-49 ② Q945.5-49

中国版本图书馆 CIP 数据核字 (2018) 第 299888 号

北京市版权局著作权合同登记号 图字：01-2018-1752

自 然 中 的 爱 与 性

ZIRANZHONGDEAIYUXING

著　　者 | 苦　苓

出 版 人 | 王训海
选题策划 | 高　磊
责任编辑 | 邢　楠
装帧设计 | 程　慧　段文辉
责任印制 | 刘　银　范玉洁

出版发行 | 北京时代华文书局 http://www.bjsdsj.com.cn
北京市东城区安定门外大街 138 号皇城国际大厦 A 座 8 楼
邮编：100011　电话：010－64267955　64267677
印　　刷 | 北京富诚彩色印刷有限公司　　电话：010-60904806
（如发现印装质量问题，请与印刷厂联系调换）
开　　本 | 880mm×1230mm　1/32　　印　　张 | 6.75　　字　　数 | 136 千字
版　　次 | 2019 年 4 月第 1 版　　印　　次 | 2019 年 4 月第 1 次印刷
书　　号 | ISBN 978-7-5699-2921-8
定　　价 | 49.80 元

代　序

热爱大自然

苦苓

“生命的意义，在创造宇宙继起之生命；生活的目的，在改善人类全体之生活。”

如果你稍稍有点年纪，一定听过这几句话；如果你多用点心，就可以体会这句“伟人”的话乃是颠扑不破的真理！

伟人的才能之一，就是把简单的道理讲成复杂的话，其实这两句翻成文言文就是“食色，性也”（这话是告子说的，别再说是孔子了），翻成白话文就是“吃饭和做爱最重要”。

创造继起的生命？那不就是生小孩？要生小孩当然得做爱。

改善人类的生活？那当然是从吃饭开始，至少改善自己的生活。

再讲得明确一点，那就是说：我们活着，无非是“饮食男女”。

当然我们通常只关心人类自己的饮食，尤其是“男女”，当年我和吴若权、吴淡如等被称为两性作家，现在也还有不少两性作家，例如肆一、H和女王，他们用着和我们大同小异的词汇，非常相似的态度，去解答和过去一模一样的问题……反正两性之间，永远是和谐与矛盾、紧密与冲突、痛苦与狂喜，再过一万年，也还会有不能解决的同样形态的问题。

但做了十几年的自然生态观察者，我忽然想道：除了人类，动植物的两性生活又是如何呢？会存在和我们一样的快乐和痛苦、满足和烦恼吗？就来给它稍稍研究一下。

研究之下，大惊失色，原来它们那么丰富多彩！以动物来说，它们会“乱伦”、会“滥交”、会“虐恋”、会“蓄妾”、会“偷情”、会“遗弃”，当然也会“自慰”，还有会“情杀”、“杀婴”乃至“杀夫”……“我要活下去，尤其我的后代要活下去”是动植物们唯一绝不动摇、至死追求的目标。

而植物即使不会移动，但它会暴露、会“色诱”、会“射精”、会“骗婚”、会设陷阱，有无性繁殖也会有大规模交配，一点也不遑多让，和动物一样有着多彩多姿的“性生活”。

更赞的是：描写它们的“性生活”不会触及尺度的问题，就像在电视动物频道里，看动物“毫不羞耻”地在光天化日之下赤裸裸地交配，却不会被当成在看色情片，甚至连限制级都不算，这岂不是太自由、太奔放、太过瘾了吗？一个念头在我心中悄悄升起：我要做全台湾，不，全华人区，不，全世界第一个生物两性作家。

其实我读书不多，不晓得国外有没有专写动植物性生活的作家，但至少在汉语的书里没看到过，台湾文坛也还没有“同行”，我就来做这件好玩又吓人（不少人真的被吓了一跳！不知道动植物会这样繁衍后代），而且又非常有教育意义的事。

对人类之外的所有生物来说，生命的意义又何在？就在于“三要一没有”：第一要别人的基因（如此才能有孩子）；第二要最好的基因（这样才能有优秀的孩子）；第三基因要一直传下去（子子孙孙，无断绝也）；而一个“没有”就是为了这“三要”——没有什么事不可以做的。

简单有力地讲，不择手段就对了！

所以才会有这本书里的种种“惊人之举”，在拍案惊奇之余，我们也可以感受到：每一个生命都在想尽办法、用尽全力与其他物种竞争，也和同类相争，更和残酷的大自然抗争，无非是为了将宝贵的生命一脉相承地存活下去而已……也许你会笑我多愁善感，但我每次都写到自己觉得很好笑，而更多的是，很感动。

一只小虫、一株小草，甚至看都看不见的一颗孢子，都会为了求生，努力而勇敢地奋斗……相形之下，轻松得多就获得生命、拥有人生、享受生活的人类，有什么理由不能存活下去？又有什么借口不重视每一个生命呢？

感谢广大读者们愿意和我共同经历、体会自然中的爱与性，也盼望您从此以后和我一样的“热爱大自然”！

LOVE AND SEX IN THE NATURE

目录

代序：热爱大自然 001

1. 凤蝶这个色老头 001
2. 蜻蜓的虐恋 007
3. 生死相许的螳螂 013
4. 女王就是总代理 019
5. 在旁边的鲑鱼 026
6. 变男变女变变鱼 035
7. 雌雄同体的双面蜗牛 043
8. 蛇的相亲聚会 048
9. 莽汉也有柔情面 053
10. 处女生子不稀奇 060

11. 戴绿帽的老鹰 066

12. 赢得鸳鸯薄幸名 073

13. 动物追爱记 080

14. 动物也有自慰吗 088

15. 狮子王的坏名声 092

16. 谁是地表最强? 100

17. 都是睾丸惹的祸 116

18. 票选模范好丈夫 123

19. 谁是最恐怖的情人 131

20. 动物也在比大小 138

21. 花花娘子是哪位 148

22. 你做的事，你并不明白 154

23. 植物也会“射精”吗 158

24. 如何找到好“媒婆” 164

25. 招蜂引蝶，各有一套 170

26. 为了取精，各显神通 175

27. 植物界的《后宫 · 甄嬛传》 183

28. 没有花的也开花 188

29. 自给自足活得更好 193

30. 无性生活又如何? 199

31. 人类爱与性的演化 205

参考书目 208

1. 凤蝶这个色老头

公凤蝶几乎只只都美丽绝伦，那母凤蝶该如何选择对象呢？告诉你一个秘密哦，女权人士应该会更乐意听到：它们是一妻多夫制！

昆虫是世界上种类最多、数量也最多的动物。

昆虫的定义是什么呢？简单说，就是六只脚（所以八只脚的蜘蛛不是昆虫，别搞混了）以及有翅膀（有些是用完就退化的）。这个定义是对成虫而言，例如蝴蝶，大家都以为它的幼虫是毛毛虫，还有一个著名的脑筋急转弯：梁山伯和祝英台在一起之后怎么样了？答案：生了一堆小毛虫！光想到这个画面就让人起一身的鸡皮疙瘩。

其实大部分有毛的虫都是蛾的幼虫，而不是蝴蝶的幼虫，所以这里又要更正一下：蝴蝶的幼虫不叫毛毛虫，那叫什么呢？料你想破头也答不出来，还是告诉你答案好了：蝴蝶的幼虫叫做蝴蝶幼虫——困难的问题往往有简单的答案，嘻嘻。

那么幼虫何以又要变为成虫的样子呢？老老实实照着原样过一生就好，就像有的蝉的幼虫期长达十七年，那又何必在最后两周辛

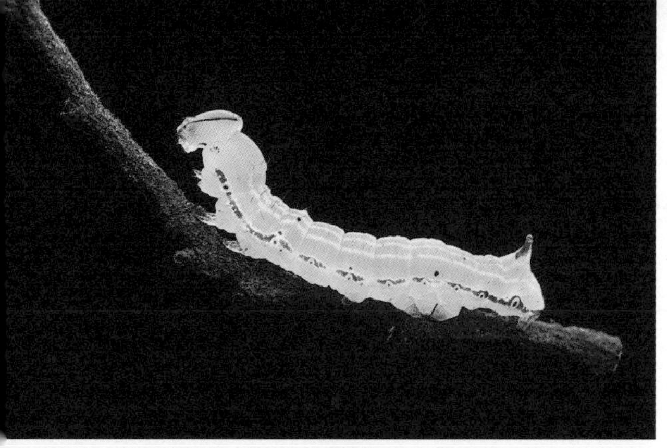

上图为蛾的幼虫，下图为蝴蝶幼虫，原来毛毛虫长大会变成蛾

苦变成蝉的样子，整天在树林里鬼叫、鬼叫？

这个答案当然更简单：为了求偶！作为幼虫，以隐蔽的色彩和外形躲在树上、土里，当然可以安全活命，但林海茫茫，要去哪里找对象呢？所以这时候要大变身，变成长着翅膀的成虫，可以到处飞翔、不受爬行速度的限制，就像飞机在空中搜寻一定比地面部队有效，是一样的道理。

所以有些幼虫会结蛹，变成完全不同的成虫，例如蝴蝶，这个叫做“完全变态”；有些没有结蛹，直接长成有点相似的成虫，例

原来凤蝶是一妻多夫制

如蟑螂，这就叫“不完全变态”，无论如何，要变态才能求偶。

蝉可以比叫声洪亮，萤火虫可以比闪光持久，甲虫可以用头上的角“斗牛”，但蝴蝶要比什么呢？好像只有漂亮可比，但是蝴蝶几乎都很漂亮啊，尤其是凤蝶，不像一般蝴蝶横冲直撞地乱飞（其实是为了怕被鸟类攻击，跑的是S形乱入法），而是高贵优雅地慢慢飞翔（因为凤蝶有毒，识相的鸟不敢吃），那既然公凤蝶只只几乎一样美丽，母凤蝶又如何选择对象呢？

告诉你一个秘密，女权人士应该会更乐意听到：它们是一妻多

美丽的凤蝶

夫的！公凤蝶如能早早找到母凤蝶交配（人类叫交欢，昆虫应该叫交尾），它会尽量持续得久一点，但两只蝶一起停在树上，不是很容易被攻击吗？（就算鸟不吃它，像蜥蜴之类的可不会客气）所以它们通常是边飞边交配。我曾经在台北阳明山的菁山步道，看见一只超大的蝴蝶，以三六〇度画圆圈的方式极其缓慢地飞着，近前仔细一看才知道是两只蝴蝶在空中交尾，下次如有机会去赏蝶，千万多加留意，别错过这种“香艳”画面！

那要双飞，或者说交配多久呢？对公凤蝶来说，当然是越久越好，这样它的精子就能和母凤蝶的分泌物混合，凝结成“精荚”，而母凤蝶把这宝贝精荚存在身上，它可以再去找别的公凤蝶，一样边飞边交配、缠绵悱恻。它可以存放多个精荚在身上，等到觉得数量足够，挑选好产卵的叶子了（每种蝴蝶会挑不同的植物产卵，原则上避免重复，孵出的幼虫即可以这片叶子为生平的第一餐），这时它才释出精荚里的精子，让自己的卵子受精，然后产下一颗颗的受精卵。

问题来了！怎么知道它用的是谁的精子呢？如此不又有多只公凤蝶“徒劳无功”而绝后了？虽然一部分公凤蝶会在母凤蝶身上留下“确保”用的栓子，但还是往往会被突破，比起蜻蜓或狗（详见后文），公凤蝶“有后”的保障确实薄弱得多。

于是发生了惊人的怪异行为！大家知道蝴蝶不是要先结蛹之后才羽化吗？当蛹刚刚打开，凤蝶的全身都还是软趴趴的，要等体液流通全身，它才有力气振翅飞翔。而这时竟然有“无耻”的公凤蝶专找刚刚破蛹羽化、无力行动的母凤蝶来进行交尾。这……这不是“奸淫幼女罪”吗？

离奇的是，虽然等于是刚刚“诞生”的母凤蝶，这个交配依然有效，它确实也可能生下这只公凤蝶的下一代，也就是公凤蝶不顾廉耻取得成功，而母凤蝶也找不到什么“昆虫法庭”可以申诉，我们人类也只能赞叹一句：大自然，猴腮雷（粤语“好犀利”的谐音）！

蜉蝣的一天与一生

我们都说蜉蝣的一生只有一天，那应该是指它变为成虫开始。在傍晚时，一大群雄虫会反复地快速上升、慢速下降。它们连口器都退化了，体重减轻不少，既然不能进食，消化管也没用而变成气囊，里面充满的空气让它可以更轻快地飞翔。

当有雌虫飞入雄虫“集团”时，就会被其中一只雄虫紧紧抓住，开始交尾，雌虫交尾完立刻产卵，产完卵就死了，把一生（幼虫时期）积蓄的体力一次用完，而它一次可生下七千到八千粒、甚至一万粒的卵——与其说它生命特短，不如说它效率奇高。

2. 蜻蜓的虐恋

两只蜻蜓交欢时，身体互相弯起来，形成一个爱心形状，说有多浪漫，就有多浪漫——但浪漫往往只是假象而已……

动物的性行为既然只是为了永恒地传宗接代，而不是为了短暂的皮肉之欢，应该就不会搞什么虐恋的把戏吧？那可不见得。

大家都见过蜻蜓吧？有？那可不一定，你看见像蜻蜓长相的，有可能是豆娘而不是蜻蜓，两者怎么区分呢？最简单的分辨方法：停下来的时候、双翼并拢和身体平行的，是豆娘；双翼展开和身体垂直的，是蜻蜓。两者非但不一样，还有不少蜻蜓会吃豆娘呢！下次看见，可别以为是同类相残。

没耐心的读者一定会问：赶快讲蜻蜓是怎么虐恋的？又讲什么豆娘！

别急别急，且听我慢慢道来：公蜻蜓要吸引母蜻蜓时，要先到河上占据一片水域，水要干净还要流得较快，这样含氧量高，将来蜻蜓宝宝比较容易孵化。想交配的母蜻蜓在河上一一巡视，看见公蜻蜓的地盘不错，就好像从郊区走到市中心一样，双眼一亮：好！就是这间！

蜻蜓的交配方式看似唯美，其实相当惨烈

于是双方要开始交“欢”了：公蜻蜓先用尾巴抓住母蜻蜓的背部，母蜻蜓的身体就会弯起来，尾巴碰触到公蜻蜓的腹部，这里也正是公蜻蜓生殖器的所在地。两只蜻蜓互相弯起来，形成一个爱心的形状，说有多浪漫，就有多浪漫。

但浪漫往往只是假象而已：事实上公蜻蜓虽然得到母蜻蜓的青睐，但它并不确定对方之前有没有跟别的蜻蜓交配，之后又会不会再跟别的蜻蜓交配。换句话说：我不一定能顺利把“种”留在你身上。辛苦半天，你生下的可能是别人的孩子，是可忍，孰不可忍！

其实这是所有雄性动物都担忧的问题，只是蜻蜓选择比较惨烈的方式来解决：公蜻蜓的生殖器，是一把铲子的形状。

也就是说：公蜻蜓在交配时，是用一把铲子插入母蜻蜓的身体里，把之前“疑似”存在的、别人的精子先铲掉，再射入自己的精子，这是一种很暴力、但很实际的“确保”工作。

因此，我总是自作多情地怀疑：母蜻蜓交配时的姿势，不是千娇百媚的“弯曲”，而是疼痛难忍的“扭曲”，而且背后又被公蜻蜓死死地扣住，根本想逃也逃不走，真是十足的“虐恋”了。

其实也有很多动物在交配时会做“确保”，有点年纪的人，早年在乡下应该常看到：公狗、母狗在交配之后，就屁股对屁股、生殖器相连地站在路边，许久不动，有的人看了会拿石头丢它们，甚至泼热水烫它们，不知道是出于嫉妒心或“道德感”？

但狗们是冤枉的；公狗的生殖器中间有一个球状体，交配之后此处充血，就塞住母狗的生殖器，以免精液流失出来，才能“确保”传宗接代成功，所以它们两个还不能分开，也不能乱动，你可别在心里骂人家淫乱了！

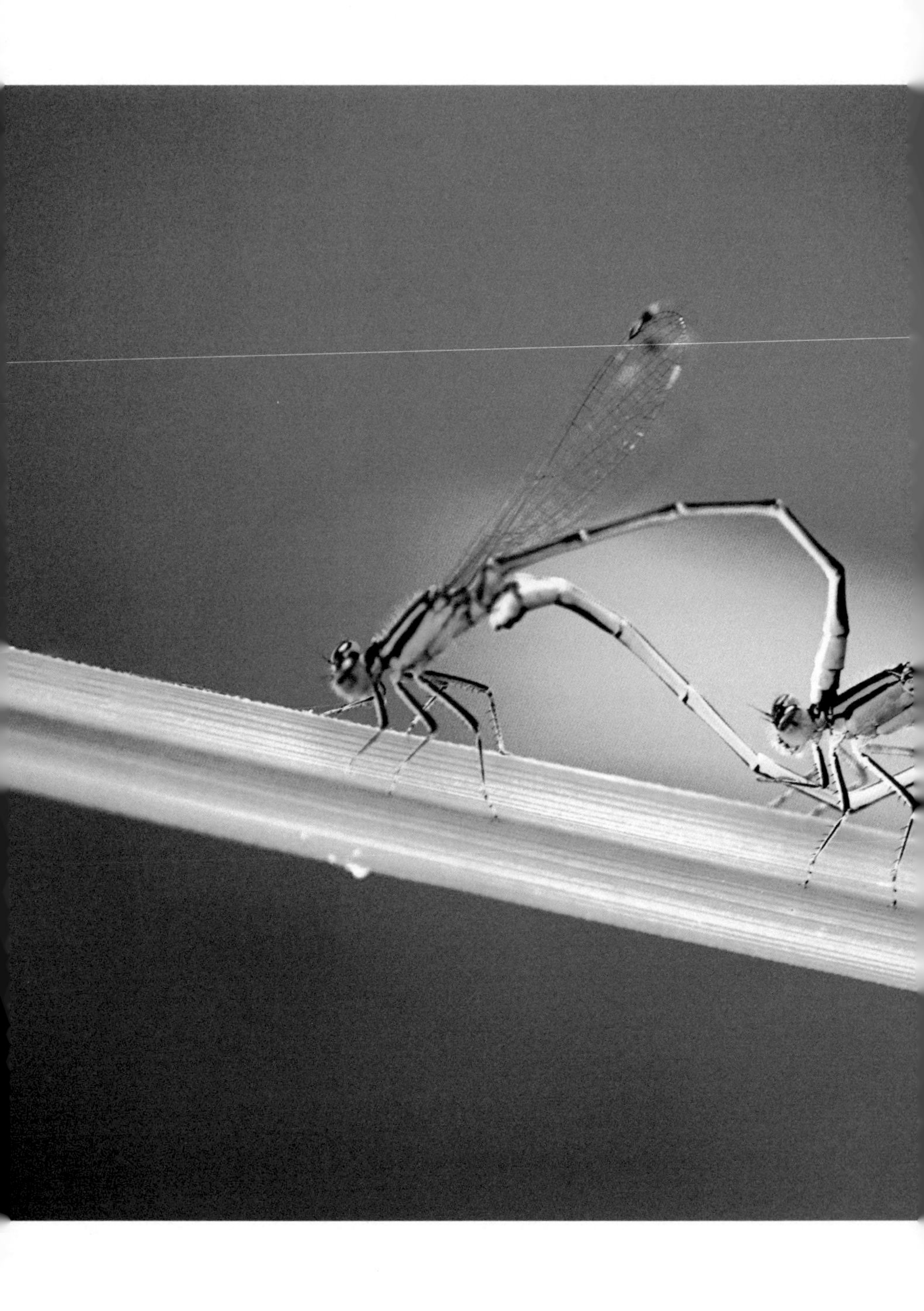

蜻蜓跟豆娘的交配方式相同。图为两只豆娘交尾的“浪漫”场面，前面是公豆娘，后面是母豆娘

但是聪明的读者一定会笑：笨蛋蜻蜓，你会铲除人家的精子，等一下后来的蜻蜓还不是会铲除你的精子，那有什么用？所以很多公蜻蜓和母蜻蜓交配之后，仍抓着母蜻蜓的背部不放，在河面上飞呀飞，直到母蜻蜓的尾巴插入河中，也就是公蜻蜓之前找到的水域，产下刚刚交配所生的卵，确定生下的是我的孩子，才放母蜻蜓离开，完成这场余悸犹存的虐恋大战。

“蜻蜓点水”原来是这个作用，下回别再搞错了！

3. 生死相许的螳螂

蝗螂最能用“问世间情为何物，直教生死相许”来形容！黑寡妇的老公至少还有百分之几的存活率，而公螳螂在新婚之日，几乎是很难不“阵亡”的。

“问世间情是何物，直教人生死相许。”这句话很多人听过，不管是从小说或电视上，大家听久了也都朗朗上口，却不晓得根本说错了。

正确的原文是：“问世间情为何物，直教生死相许。”最关键的是少了一个“人”字。换句话说，会生死相许的，不只有人而已。

其实人最重视的当然是自己，尤其是自己的生命，哪里会为了什么情就不要命了？你当然可以举罗密欧、朱丽叶和梁山伯、祝英台做例子，但古今中外你大概也就只举得出这两个例子来，由此可见其少。

对动物来说，亲子之间或许不能说没有“情”存在，所以动物肯为子女牺牲的不在少数，例如有时你在河床上，会发现一只鸟一跛一跛地前进，你见猎心喜，准备乘“鸟”之危抓它回去大快朵颐，没想到追着追着……它忽然振翅飞起不知所踪，原来它装受伤一瘸一瘸的只是要引开你，别发现了它巢中的孩子们。

在非洲大地上不难看到：母水牛为了保卫小水牛，竟敢攻击凶猛的狮子；而母长颈鹿乱蹄踢走花豹、护住小长颈鹿的画面也不罕见。换句话说：对很多动物来讲，整体种族的繁衍远比自己个体的存在重要，有了孩子，我就算死，也不算灭绝。而人类的进化刚好相反，现在反而是：即使没有孩子，我的生命已经自我完成，就算死了，也不算灭绝。

但如果只是单纯的“性”交，也需要生死相许吗？

在动物中最为大家熟知的就是鼎鼎大名的“黑寡妇”蜘蛛了，

黑寡妇“蛛如其名”，会谋害“亲夫”

据说它会在交配时一口将公的吃掉，也就是在新婚之日就亲自谋杀新郎，之后独自生下孩子，成为一个不折不扣的“单亲妈妈”，在敬畏于这种母蜘蛛的狠劲之余，也不免为这种公蜘蛛的傻劲一叹！

其实公蜘蛛并不是那么心甘情愿送命的，问题是它的体型比母蜘蛛小得多。以台湾常见的人面蜘蛛来说，母的体型有公的五十倍大；换言之，母蜘蛛如果有一个人那么大，公蜘蛛大概就只有一个拳头大，也就类似一个包子大，是不是很容易“入口即化”？

所以公蜘蛛在找母蜘蛛交配时，其实是战战兢兢的，又想要完成一生大事，又想要保住一条小命，如临深渊、如履薄冰，而会不会就在交配时被母蜘蛛（尤其是黑寡妇）一口吃掉，那也只有天知道了！

比较起来，较少为人知的反而是螳螂，那才是“直教生死相许”呢！黑寡妇的老公至少还有百分之几的存活率，而公螳螂在新婚之日，几乎是很难不“阵亡”的，岂不是十分地感人肺腑吗？

事情是这样的：公螳螂和母螳螂在交配时，母螳螂在前，背后是公螳螂。大部分动物都是采用这种方式，除了方便，还有一个好处是安全——毕竟两个“陌生人”才认识不久，没有密切交往、深入了解，万一在欢爱之时对方当面咬你一口，岂非得不偿失？而这样就能避开这个危险，甚至可以轻轻咬住对方颈背或背部，免得忽然被转头反咬一口！

说到螳螂，它最厉害之处是头部可以转动一百八十度，除了平常有利于掠食，当公螳螂从后面开始交配时，母螳螂就会慢慢、慢慢地转头过来，张嘴咬住公螳螂的头，一口一口把它吃掉。

在母螳螂大啖公螳螂时，公螳螂的生殖器还“坚持”在母螳螂

在新婚之夜“送命”的公螳螂

交配后，母螳螂就会大口吃掉背上的公螳螂

的生殖器里，继续不断地授精，增加对方受孕的机会，是因为螳螂的尾部还有一组神经中枢。阿Q一点地来说：既然无缘见到自己的孩子，那就算在孩子即将“造成”之际，提供一点高蛋白的营养给妈妈做补品，也算是爸爸临终的一点点心意了！而母螳螂，倒真是“物尽其用”的典范。

难以置信吗？回想一下电影《功夫熊猫》里面，有一只小螳螂在大家说到自己志愿时，就说：“我希望将来长大找到一只漂亮的母螳螂，然后让她把我吃掉！”——就算你不相信我，至少可以相信出品这部电影的“梦工厂”吧！

4. 女王就是总代理

一群蜜蜂里面只有一只女王蜂负责产卵，体型比一般蜜蜂大，大多数时候躺着不动，由其他工蜂喂养，它只需要不断地产卵，是整个蜜蜂王国的“代理孕母”。

既然寻找对象、传承后代对动物是一件如此困难的事，那么它们会不会像人类那么聪明，想出“代理孕母”的方法，不必自己交配生育，也一样可以拥有健康活力的后代呢？

答案是有的，不但有，而且更极端，例如蜜蜂，一群（或一个王国、一个家族，随你怎么叫它们都不会介意）里面只有一只女王蜂负责产卵，它的体型比起一般蜜蜂可说是奇大无比，大多数时候躺着不动，由其他的工蜂喂养（用来喂它的就是天下女人都爱的蜂王浆了！），而且不断地产卵，也就是说整个族群的后代都由它来负责。

其他的母蜂全部成了工蜂，负责喂养蜂王和幼虫，建筑并修理、清洁蜂巢，还要守卫家园、抵御敌人——以上是内勤工作，大约做两周后改派外勤，负责去采花粉和花蜜，每天要采上千朵的花，回家后依旧帮忙内勤，平均工作时间每天超过十六小时，可以

蜜蜂的世界各司其职，连生孩子都只由一只女王蜂负责。
图为辛勤劳作的工蜂，脚上黄色的部分是花粉囊

公蜂一生只有一次与蜂王的交配，交配时蜂王从巢中飞出，全群中的公蜂随后追逐，只有在飞行比赛中获胜的一个才能成为蜂王的配偶，称为婚飞

说是严重违反劳动工作法的，但是，它们从来没有抗议过。

它们的输卵管因为都用不上，就化成蜂螯，也就是屁股上那根刺，必要时可以攻击敌人，但因刺略成倒钩状，刺完拔出来时会将蜜蜂的内脏一并拉出，因此很快就会死亡。

即使能活命，它做完内、外勤各两周之后，也是要一命呜呼的。但是它们的种族却这样延续了下来，什么叫“牺牲小我，完成大我”，看看蜜蜂才知道，我们人类就别说大话了。

如果蜂群够大了，附近的蜜源（就是花）不够供应，工蜂们会在出生的母蜂中另外挑选一位新的女王，带着它（也可以说是跟着它）到别的地方，用类似方法重新建立一个王国。这样一来原本的蜂群继续生活（虽然只有短短一个月寿命，但女王蜂不断产卵、孵化，工蜂群不断喂养、茁壮成长，没有人口老化的问题），新的蜂群也可以另辟天地，何况工蜂们还可以建筑大小不同的蜂房，来决定女王蜂所产的卵子会孵出公的或母的蜜蜂呢！

说到公蜂，它们既不是做工的，难道是打仗的？非也非也，公蜂的腿上没有囊带，无法携带花粉；舌头又太短吸不到花蜜，完全无法养活自己，完全和女王蜂跟幼虫一样，要靠工蜂来养活——那你说这些“懒汉”有什么用呢？有的有的，它们的任务就是和女王蜂交配，（几百只里只有几只有机会完成任务），交配结束后几分钟内就会死亡。

如果你是蜜蜂，想成为哪一种呢？整天做苦工、短命而死的工（母）蜂？或是交配完很快就死去的公蜂？还是永远臃肿着身体担任“产卵机”的蜂王？无论如何，它们的种族延续下来了。

另外一种可以和蜜蜂媲美的种群是白蚁，白蚁通常在初夏的大雨过后，一大群一大群地出现，不是它们没钱买伞（好冷的笑话），而是雨后它们的天敌——鸟类暂时不会出现。其中会飞的算是繁殖蚁（也是蚁王、蚁后的候选人），它们的身体会多长出一对翅膀（工蚁和兵蚁都没有翅膀），通常会飞到光源（如果在城市里，一般就是路灯）下，先让翅膀脱落，接着开始跳求偶舞，努力分泌化学物质吸引对方，雄蚁会尾随在雌蚁后面，用触角和它紧密接触后，一起去觅巢然后开始交配，建立王国。

你说那不是有一大堆蚁王、蚁后吗？非也非也，路灯下多的是蟾蜍等着吃白蚁大餐，能够幸存的实在不多。而侥幸活命的在孵出幼虫后，先是自己喂养，接下来就由赶到现场的工蚁负责喂养（没有翅膀的陆军，行动总会稍慢一点），另外有兵蚁负责守卫，蚁王和蚁后就搬入特别室，应该叫“坤宁宫”吧（更冷的笑话），不时地交配，一天大约可产三万个卵，以这种效率，就算有再多敌人也消灭不完，何况还有忠心耿耿的部下守护着呢！

白蚁有的住在土里（例如非洲草原上那些大蚁窝），也有的住在木头里（例如让你痛心疾首的木制家具中），它们也和蜜蜂、蚂蚁一样，倾全族之力，由一位代理孕母独自繁殖后代。对于相对弱小无力的昆虫来说，这不失为一个好方法——“团结力量大”，人类的说法，又一次由动物来印证了。

叹为观止的非洲大蚁窝，规模惊人

5. 在旁边的鲑鱼

鲑鱼是没有外生殖器的，母鱼会在浅水石砾上，用尾巴拨出一块低洼地来产卵，公鱼再射精在卵上面——原来所谓的“鱼水之欢”，根本没有“肉体”上的接触啊！

“鲑鱼返乡”这个词已经流行了许久，无非是想号召在外打拼的国人，可以回祖国创立事业、造福民众。大多数人也在“DISCOVERY”或“国家地理频道”看过鲑鱼拼死逆流而上，看过棕熊、灰熊张大了嘴巴等着吃掉它们的画面，这些都不算新鲜事。

新鲜的是：鱼类为什么要千辛万苦地洄游呢？干吗不乖乖待在自己出生之地呢？反而要千里迢迢，像鲑鱼是在河里长大，游到海里生活，最后又游回河里交配产卵；而鳗鱼刚好跟鲑鱼反方向地从海里到河里，最后又回到海里。总之，都不容易。

以鲑鱼来说，从河里往海里游的主要目的，是为了寻找更多、更有营养的食物，就这点来说，像大海这样的超级生鲜大卖场，当然比河流这小小的便利店货源多、机会大，可以吃得足、长得壮！

那就留在海里逍遥自在就好啦！反正你鲑鱼天赋异禀，人家淡水鱼住淡水，咸水鱼住海水，壁垒分明，不像你竟然两种水都可以

鳗鱼从海里游到河里，再洄游至海中，图为一只电鳗

鲑鱼大费周章地洄游，除了找食物，也为了生孩子

适应，那就在大海里，“从此过着幸福快乐的日子”不就好了？干吗千辛万苦地洄游？

麻烦的是鲑鱼的生殖方式。因为鱼是没有外生殖器官的，所以公鱼、母鱼非常难以分辨，当然像公鲑鱼发情时会变红，甚至嘴巴变戽斗，或者载了一肚子鱼卵的母鲑鱼，这当然很容易分辨，但若在这之前呢？两只看来一模一样的鱼放在你面前，你会从眼睛看是否新鲜，从鱼鳞看年纪大小，但公母你就看不出来了吧？

的确看不出来，注意！要辨识公鱼母鱼唯一正确方法，只有——验血！问题是谁那么好事帮鱼验血呀？所以还是分不出来。

没有外生殖器的鲑鱼怎么交配呢？首先挑选好了对象之后，母鱼会在浅水的石砾上，用尾巴拨呀拨的，“造”出一块较低洼的地区来，把一大堆卵产在上面，然后公鲑鱼再射精在这些卵上面——换句话说：两只鱼根本没有“肉体”上的接触！

奇怪了，古人不是说“鱼水之欢”吗？怎么鱼交配却互相没有碰到，那还有什么“欢”可言呀？还是说因为不能讲“鱼鱼之欢”，才只好讲“鱼水之欢”呢？总而言之，不管有没有“鱼水之欢”，交配的大业就这样完成了。

而这也就是鲑鱼们非要不辞万里、拼命返乡的理由，因为只有在河流的最上游，才有这样的浅水、这样的石砾，用来做“精卵相会”的场地，你不回来也不行呀！否则母鱼把卵排在茫茫大海中，公鱼射精在滚滚波涛里，那要怎样生小孩？

相信我，鲑鱼返乡，实在是不得已，为了不绝后，只好千辛万苦地回到自己出生的地方，或是和自己出生的环境很像的地方，而一路上为此送了命，或侥幸没送命也累个半死，所以交配完后，不论公母都会死掉，鱼尸遍地，其实是很壮烈的。

那有没有比较没志气的公鲑鱼会说：“我不要那么累！不要跑那么远到海里找吃的，我在河里随便吃吃就好了。我也不必大老远从海里再跑回来，我在原来河里找对象就好了。”

确实有些公鲑鱼是不洄游、不下海的，因为食物的来源不够充足，所以它们的体型比洄游的公鲑鱼小得多，但还是可以活得好好的，个子小、吃得少，够了就好！

但想找对象时可麻烦了！从海里洄游的公鲑鱼一只只又大又壮，你想母鲑鱼会看上谁呢？绝不会是你这个小个子！（难怪东方男人在欧美国家很难有艳遇，同理可证。）如此一来，那些不洄游的小只公鲑鱼岂不就要“绝后”了，又怎么可能代代流传下去？

幸好天无绝人之路，母鲑鱼不是一次下很多卵吗？这成千上万的卵排出来，入选的大只公鲑鱼正忙着往上面射精、自顾不暇时，小个子的公鲑鱼就乘机在一边，多少也“射”一点自己的精子上去，虽然可能只“沾”到十几二十颗，但那也就确定是自己的后代了！

虽然没得到任何一只母鲑鱼的青睐，懒惰不洄游的小公鲑鱼还是有了后代，也对自己有了交代，和拼了命才终于有后的大公鲑鱼相比，你比较羡慕，或者说欣赏谁呢？

公山椒鱼的求偶竞争激烈，
却又会一起合作护卵

合作保护后代的山椒鱼

山椒鱼和青蛙同属两栖类，和鱼类一样是体外受精，看似温和缓慢的公山椒鱼，为了求偶还是会竞争激烈，打得很凶，甚至有脚被咬断的（还好能慢慢愈合再生）！

母山椒鱼生的是一串四到十五颗、呈牛角状或长条状的卵荚，如果不太顺利（因不是一颗一颗地生），公的还会用脚踢母的肚子帮它生。母山椒鱼产完卵就离开了，公山椒鱼争抢着在上面射精，可能一个卵有三四只公山椒鱼的精子，所以之后他们也会一起护卵，帮卵浇水、防霉菌、防止敌人入侵，这些“表兄弟”（对小山椒鱼来说，应该是叔叔伯伯吧！）是很尽职的！

6. 变男变女变变鱼

人类可以靠手术变性，那动物界里有没有变性的呢？有，而且你对它蛮熟的，谁呢？小丑鱼！就是动画电影《海底总动员》里的“尼莫”。

“天赋”是很重要的，也就是说：有些东西是上天给你的，是靠你自己后来的努力得不来的，像一些伟大的文学家、艺术家，一个人的创作就抵得上十几个名家加总起来的分量，像莎士比亚、像李白、像莫扎特、像毕加索，你绝不相信他们的成就是只靠自己努力而来的。例如莫扎特为了作曲赚钱养家，经常在最后关头草草了事地赶出乐谱给买家，可是那么“草率”完成的作品还是那么好听，这可以称为天赋了吧？

时代进步，人的天赋越来越可以改变、加强，例如你的聪明才智，可以通过教育训练而变得更强；你的容貌体态，可以通过医学技术而变得美丽……但是，总有一项无法选择、又难以改变的天赋，叫做性别。

没有研究统计，不晓得有多少人不满意自己的性别，但在古代，从女人的名字可以看出父母亲对她性别的不满意，例如罔市、

一群小丑鱼中唯一的母鱼死了，这时就会有一只公鱼，任重而道远地“变性”

罔腰（闽南语），例如阿满、阿足，又例如招弟、若男，甚至被取了一个典雅的“吁”字也不要高兴，吁是叹气的意思：唉，怎么又是女孩？

而且我们僵化的偏见，认为男人（女人）就应该有男人（女人）的样子，所以“娘娘腔”不是好话，“娘炮”更难听；“女汉子”不算称赞，“男人婆”更是贬义；却从来不问问那个男（女）人：“你的躯壳里，是不是被装上了异性的灵魂？”

你一定见过这种“男身女心”或“女身男心”的人吧？这不叫“天赋”，我觉得反而是“天谬”——造物主在创作此人时搞错了。

在新闻中看到有一位美国奥运选手，在六十几岁的高龄才将自己“变性”成女人，勇敢的行为受到众人赞扬；而在泰国则有更多的年轻男人，为了更好的收入将自己“变性”，她们却得忍受众人的歧视以及健康跟寿命的折损。总之，不管是自愿的或无奈的，“变性”对人类而言终究是一件生命中的关键大事。

动物有没有变性的呢？你多半会想：这是不可能的事，就连人类医学如此发达，变性都不是简单的小事了，谁会那么无聊帮助动物变性呀！

有，而且你对它还很熟悉，谁呢？小丑鱼！对，就是动画电影《海底总动员》里的“尼莫”，动不动被人招呼“喂，讲个笑话来听听”的家伙。

其实电影有些“交代不清”，因为小丑鱼不是一夫一妻，而是一妻多夫制，一只母鱼带着一群公鱼一起过日子，虽然称不上是“后宫佳丽三千人”，但至少也类似武则天称帝以后的“面首十数，秽乱春宫”了。但独独一只母鱼，若在茫茫大海里有个三长两短，例如被渔船捕猎了，被鲨鱼给吞了，或自己生病死了，那么一群公鱼一下子“群龙无后”，那可如何是好？难道上淘宝去重金再礼聘一只母鱼吗？

非也非也，这时候公鱼群不慌不忙，而群体中体型最大的一只公鱼，就会躲起来不见，过了几天它（哦，不，已经是“她”了）再出现时，竟然变成了一只不折不扣的母鱼！于是一切如常，这群小丑鱼又继续过着幸福快乐的日子……直到“母后”又意外丧命，再重来一遍。

你问我，或问全世界的生物学家：“那只小丑鱼去了哪里？是怎么变性的？”到目前为止还没有人答得出来，博学广闻的我也只能苦笑地跟你说：“可能是跑到泰国去做手术了吧？”

而且这只母鱼，平常还会没事就追逐群体里面的最大的那只公鱼——不是求欢，而是追咬它，它拼命地躲避、拼命地游水，耗费了太多热量就不会长得太快、太大。母鱼为什么这么做呢？是不是下意识地认为最大的公鱼，将来就可能去变性取代它的位置呢？我也是不知道啦！

而就像鲑鱼和鳗鱼两者是“逆向洄游”，有一种鱼也和小丑鱼一样是“逆向变性”，那就是额头好像磕了一个大包的隆头鱼。它和小丑鱼相反，是一只公鱼带着一群母鱼自在逍遥，而如果公的“挂”了，其中最大只的母鱼就会自动失踪，几天后自动回来时，已经变成公鱼了，继续领导群众、传承后代……你说奇怪不奇怪？

隆头鱼刚好跟小丑鱼相反，母鱼会变性成“男子汉”

女婴竟然变男孩

鱼可以变男变女，那么人是否做得到呢？我说的不是变性手术，而是出现在中美洲多米尼加一个小村落的怪现象。很多女孩一出生就被取了女性化的名字，打扮当然也是穿裙子，玩洋娃娃，可是有些“女生”却拒绝被当女生，不但不碰女生的衣服和玩具，还喜欢跟男生玩，难道是上天听到她（他）的心声吗？到了十二岁以后，他竟然长出睾丸阴茎了。这是不是太神奇了？其实这是男婴的基因缺陷，出生时因缺乏男性荷尔蒙而没有男性特征，等到青春期男性荷尔蒙飙升才长出来，这应该不叫“变性”，而叫“回归本来”才对！

7. 雌雄同体的双面蜗牛

我们都知道蜗牛身上背着壳，也知道蜗牛爬过处会有一道黏液，食蜗蛇就是循此追踪而来；但我们无法知道：一只蜗牛到底是公的还是母的。

这是一个多元“性”的时代，也是“性”多元的时代。男性、女性、第三性、性倒错、同性恋、异性恋、双性恋、跨性别……林林总总，真是“族繁不及备载”。

继南非之后，泰国也“修宪”，把第三性纳入法律，而且有人未雨绸缪，已经设计出第三性的厕所标志，那就是左半身穿裙代表女性、右半身着裤代表男性的综合设计——的确，这是个大问题，如果你外表看来的性别和实际的性别完全相反，或者根本看不出你是什么性别，在男女该分开的如浴室、更衣室、厕所这些地方，到底要怎么区分呢？如果到时搞得尖叫不断、一阵慌乱，必定也是大家所不乐见的。

我觉得釜底抽薪之计，就是干脆把“性别”这个注记取消，不管身份证、户口簿或任何证明文件，都不要写你是男的或是女的，你愿意自以为是男、是女、是不男不女、是又男又女都没关系，只

蜗牛到底是男是女？原来它是雌雄同体

要把厕所的男生小便斗都打掉，通通改成女厕所那样一间一间的，就根本不必分什么男女厕所了，反正门关起来了，谁管你?

而且还有一个更大的好处：不是一直在吵“多元成家”的法案吗？没有了男女之分，谁爱跟谁在一起都可以，谁想跟谁结婚都可以，一次搞定，一劳永逸，是不是一个绝妙的好方法?

既然男女平等，既然男女生权利义务都一样，那就干脆不分男女，让你不平等也不行，而各种“性别”都可以互相追求、交往、喜爱，甚至发展出更多元的“性交”方式，岂不是一个“美好新世界”吗?

我问过一个美国男大学生，他说现在美国大学校园里的男生很流行双性恋，也就是：一、我是异性恋，表示我还是传统的、主流的；二、我也是同性恋，表示我也是开明的、进步的——两边都“押”，怎样都赢。而且他还说：“物尽其用嘛，一个东西如果两面都可以用，干吗只用一面？”好像也有道理，台湾也有一个俗称，叫做“双插头”。

但是人不管怎么搞怪，除非是天生的“阴阳人”，否则还是只能有一副男性或女性的生殖器，你的灵魂如何飘荡无人能管，但你的肉体却是清楚明白的——当然你也可以去变它，但终究要在男女之间选一种，总不能兼具吧?

大自然的想象力却是无限的，造物主的创意令人震惊！知道蜗牛吗？对，就是那个“蜗牛背着那重重的壳呀，一步一步地往上爬”（请用儿歌式的唱腔）的蜗牛，蜗牛的性别怎么分呢?

我们都知道蜗牛身上背着壳，所以没有自己住房的人自称“无壳蜗牛”；我们也知道蜗牛爬过处会有一道黏液，食蜗蛇就是循此追踪而来；我们甚至也知道蜗牛多的地方萤火虫就多——因为萤火虫的幼虫最爱吃蜗牛肉；但我们还是无法知道：一只蜗牛到底是公的还是母的。

两只蜗牛如果在发情期遇上了，它们还是一点也不着急，会伸出触角小心地试探，然后软软的身体自然黏到对方身上去，两只蜗牛就这样缠绵悱恻地交融起来，不断地、慢慢地扭动身体，扭到两只看起来变成一只，一副“你泥中有我，我泥中有你”的样子。

两只蜗牛缠绵许久，终于决定以身相许的时候，它们各自发射一只装着精子的鞘，刺进对方的身体——是“各自”，没错！因为蜗牛是雌雄同体，每一只都有精子也有卵子，有“发射器”也有“收容所”，所以你要想象：它们爱到极致时，一起发射出“爱神的箭”，同时刺进对方身体的慢动作画面——多么感人、多么公平，而且，多么有效率。

不管哪一只，都可以体会做雄性的奋进，又感受做雌性的悸动，而且都能得到怀孕生子的满足……没有一只蜗牛会感到“男女不平等”，因为它既是男的也是女的。

或许蜗牛，才是我们人类应该努力进化的目标，你说呢？

8. 蛇的相亲聚会

有看过蛇窝吗？想交配的蛇都聚到了一起，那万蛇攒动、扭来扭去的画面让人不寒而栗，哪晓得是一群青春小伙子在急着找对象，“货比三家不吃亏”呢！

在动物的世界里面，是没有“道德”这回事的，它们小时候既没有上“公民与道德”的课，长大后为了求生不择手段也不会被骂“缺德”；而动物界的法律，只有一条：适者生存，不适者淘汰。非常之清楚明白。

以蛇这种动物来说（台湾人怕提这个字，往往以“溜”代替，的确，蛇看到人就会溜，因为被人吃掉的蛇，远比挨过蛇咬的人多呀！），平常悠闲自在地在山林里去找食物，没有别的人（我是说别的蛇）跟你抢吃的当然好，但想要交配时，却可能到处都碰不到异性，又没办法广播求友（因为蛇不会叫，不像蝉那样可以通过鸣叫找到对象来交配），那很可能直到“人老珠黄”，却还是“老姑娘”一个，岂不哀哉？

所以有些蛇就搞起“相亲Party（聚会）”来了——在此特别说明，本书写的所有动植物都属部分行为，跟人一样，没有全部相

你看过蛇窝吗？那就是蛇在开相亲聚会，
想交配的蛇都聚到一起了

同的。它们到了应该交配的季节（通常万物都选在春天择偶，所以有发春、思春、春心荡漾的说法），就不约而同聚集到同一个地方去，你看过（或在电视看见）一大堆的蛇窝吗？那不是某两条蛇多子多孙，而是想交配的蛇都聚到一起了，方便大家选对象。你若看到万蛇攒动、扭来扭去的画面，一定会不寒而栗，哪晓得就只是一群青春小伙子在急着找对象，“货比三家不吃亏”呢！

其实别说这是相亲，有时候连弄清楚对方是公是母都很难，因为蛇的生殖器很不明显，几乎都藏在身体里面，要用人的手指去挤才看得出来——也有道理，要不然在地上爬呀爬的，很快就擦破皮了，蛇应该也不喜欢这样吧！——但是谁会这么胆大妄为去找蛇的生殖器呢？当然是蛇店老板，正常人绝不会发这种神经的！

等到大家互相在身上爬来爬去、翻来翻去之后，有一只公蛇A和母蛇B看对眼了，这时候母蛇B就会挺直了全身不动，让公蛇A把它背在背上，一步一步，哦，不，是一溜一溜地远离这个大蛇窝的“相亲Party”现场。

问题是母蛇又没有喝醉啊，干吗那么“假仙”动都不动呢？难道是害羞怕别的“蛇”嘲笑，还是硬要向情郎“撒娇”：“人家走不动了，你背我嘛！”（此句请用志玲姐姐语调发音）

其实动物是很“务实”的，每一个动作都有明确的目的，不会无聊到去“秀恩爱”或是“搞浪漫”，母蛇B故意不动让公蛇A背着它前进，就是在测试公蛇A的体力——如果连这点小小的重量、短短的距离你都背不动，那铁定是个弱者，我才不要嫁给你，生一堆更弱的小孩呢！

那为什么既然找到对象了，不在现场就地解决呢？很简单，因为别的蛇会来打扰啊，而且也失去了测试男生体力的机会。

等到公蛇A辛辛苦苦背着母蛇B远远离开了“相亲Party”现场，就可以在僻静无人处开始交配了，母蛇这时也不再装死，既然确定了如意郎君，当然要使出浑身解数！

蛇交配——等一下，我可以用交欢吗？这样比较人性化。比起大部分都早泄的哺乳类、鸟类来说，蛇交欢的时间还蛮长的，因为它们的生殖器又小又不明显，所以交欢时双方的尾巴要紧紧缠在一起不动，“确保”生产大业能够成功，万一这时被“外人”碰见了，对它们来说是很危险的，因为此刻完全无法自卫。

正常交往的蛇类

并不是所有蛇类都采用这种交配方式，例如以蚺类来说，母蛇在蜕皮时，上面的油脂有强烈的味道，可以吸引公蛇闻“香”而来，它会对母蛇缠绕不断，并用腹鳞（可以说是敏感地带了！）轻轻碰触。另一方面，也会用不断吐着的蛇信（舌头）试探母蛇的背部，确定双方合适了才开始交配（别忘了蛇也是会吃蛇的！），一般时长二十分钟左右，完成任务以后，双方就老死不相往来了——看来“冷血动物”确实是没有多少感情的。

9. 莽汉也有柔情面

动物不像人类有培养感情的时间，发情排卵的时机稍纵即逝，略一迟疑可能失去时机。所以即使再凶狠粗暴的家伙，也要学会温柔。

有不少动物被我们视为凶狠粗暴，那其实是人类的偏执观点，对动物来说，这正是它求生的绝佳条件，不凶不恶，哪有食物？

问题是对求生有利的事，对求偶就未必有利了。

既然是凶狠粗暴的家伙，那么当一只公的去接近素昧平生的一只母的，怎么晓得你不会对我凶狠粗暴，双方先大打一架再说，真的打到头破血流，应该也没有“心情”共同培育下一代了吧？

动物不像人类，有交友、恋爱、培养感情的时间，顶多是短暂的“相亲”而已，发情排卵的时机稍纵即逝，略一迟疑可能就被别人捷足先登，或者对方转身而去下落不明……所以即使再凶狠粗暴的家伙，也要学会温柔。

拿没有人不害怕的鳄鱼来说吧！它的血盆大嘴，是所有动物里咬合力最强的；如噩梦般乱七八糟的尖牙，更确定它可以咬紧任何形态、姿势的猎物；它翻转身体把猎物撕扯开来的动作，更是令人

血盆大口的鳄鱼，居然用冒气泡来求爱

不寒而栗……这样凶狠粗暴的公鳄，就算你是春心正发的母鳄，恐怕也要退避三舍吧？

所以公鳄鱼求偶时特别地温柔，它并不急着靠近母鳄，而是在附近用大嘴巴打水冒气泡，当然气泡冒得越多、越大，就表示自己的诚意越足，顺便也证明自己身强体壮、拥有优秀基因了！

印度的公恒河鳄则是在吻部有一个球状物，当地人称为“嘎啦”，就是水壶的意思，而且他们还相信这部位可以壮阳哦！

其实这个部位是用来发声的，可以说是公恒河鳄的自备扬声器，可以把它的声音传到一公里之外，发出求爱的讯息。

不管是泡泡或声音，母鳄纵使接收到了，也不会轻易表示YES，所以公鳄还是要缓缓、缓缓地靠近，然后保持和对方同一方向（免得当面张口咬来！），用它的大嘴巴——这时当然要乖乖闭上，就叫做“吻部”，听起来比较温柔吧！用吻部轻轻触抚对方的吻部，意思就是：“放心，我没别的意思，就只是那件事……你知道的嘛！”

一切都“鉴定”完毕了，母鳄会潜入水中，公鳄也迫不及待但仍轻手轻脚地下潜，双方就在水里面悄悄地完成了一场水下婚礼，呃，应该说是水下洞房才对，整个过程在平和中稍带紧张，在温柔中略有警惕……总之，我们看到了莽汉的柔情一面。

还有一个身躯庞大、脾气暴躁，反应敏感而且杀伤力也颇强的家伙，那就是河马了，如果纯看外形和特色，其实叫它“河猪”还比较适合，但它横冲直撞惯了，对什么猛兽都“没怕的”，所以虽然本身吃素，那些狮子、豹子、鬣狗什么的，却从不敢打它的主意。

对这样的家伙当然要更加小心，公河马可以说是连哄带骗、

公河马想与母河马交配，得先想办法取悦对方才行

用尽手段，一下这里轻轻碰触，一下那里慢慢磨蹭，总之让母河马敌意尽消，觉得“孺子可教也”，才答应开始交配——当然要在水里，重达两吨半的河马如果在陆上交配，就算不压死也会骨折、残废吧！

河马交配的时间不算短（可能因为没有天敌吧！），所以双方每五分钟得冒出水面呼吸一次——虽然河马的鼻孔、眼睛、耳朵都在一个平面上，但交配时公的身体是斜的，母的在水下，所以要不时出来“换气”。

有些公河马更荒诞，因为交配时间太久了居然打瞌睡，忘了身体底下还压着在水里的女伴，结果就活活把对方给溺死了——没想到交配也有这么大的风险，可怕哦。而且只要母河马一受孕，公河马立刻收起当初哄骗它的各种花招，理都不理——很像你家老公吗？算我没说。

还有一个狠角色是名列“五毒”的蝎子，它们选在夜间交配，公蝎子不敢随便靠近（蝎子还蛮爱吃同类的），先把精子包丢在地上“表明来意”后，再引导母蝎接近受精，母的了解、同意之后慢慢靠近，但是双方的毒螯要扣在一起（恐怖平衡！），母进公退，公进母退，双方又像在角力，又像在跳探戈，其实母蝎也借机测试一下公蝎的体力，公蝎当然全力配合、温婉相待，一直等到成就好事，公蝎母蝎一起数“一、二、三”同时放开毒螯——是没有真的数数啦！但差不多这个意思——各自过活去了，这种“玩命交配”，看着还是很担惊受怕的！

动物交配的姿势

动物交配的姿势，简单说来有两种：因为生殖器生在身体末端，所以兽类是一前一后，母的趴伏，公的抬身；禽类因为“构造”及环境（例如水上），通常是一上一下。你看水鸭交配是很辛苦的，公鸭颤巍巍地站上去，母水鸭整个淹进水里，两只相叠维持平衡也不容易，所以通常很短时间就结束了！

10. 处女生子不稀奇

当科摩多母巨蜥独自漂流到孤岛，成了鲁宾孙，等呀等都不见公巨蜥出现，难道就此孤老而死吗？不会的，记住，“生命会找到自己的出口”。

对于广大的基督徒（含基督教、天主教与东正教）来说，《圣经》里最令人感动的就是圣母玛利亚受圣灵怀孕这个故事了。但是对于更广大的非基督徒来说，处女生子这件事却是最难以接受的，甚至有人一开口就以“不科学”批评之，从而否定了整个宗教，甚至斥之为“迷信”。

对什么东西过度的相信而毫无思辨能力，我们称之为“迷信”，认为处女一定不会生子的人，我们只能说是“迷信科学”——即使科学也不是全然、绝对、永久的真理呀！

在动物界随便就可以找到例子，甚至十亿年前就发生了，鼎鼎大名的科摩多巨蜥（又称科摩多龙，因为它长得实在像一只小恐龙），公巨蜥照例打架争夺配偶，而平常凶巴巴为了抢食物会赶跑公巨蜥的母巨蜥，这时却故作害羞状地跑掉，看谁追得上谁就是赢家（也就是说：角力和田径都是公巨蜥的考试科目），最后公巨蜥再温柔地以吻部触抚母蜥的全身，成其好事。

也有母巨蜥独自漂流到孤岛，成了鲁宾孙，从此“等呀等啊望呀望，等那个人”，那不就此孤老而死吗？不会的，记住，“生命自然会找到自己的出口”，这只母巨蜥身上的半套染色体会加倍，使得它所生的卵在没有“男生”的情况下可以受精，孵化出一群小巨蜥来！

嘴巴先别张那么大，你要不要先猜猜这小巨蜥的性别呢？没错！通通是公的。等它们长大后，就可以一只一只和妈妈交配，母巨蜥就可以生出更多的小巨蜥，子传孙、孙传子，子子孙孙，无穷尽也……

等一下！你说这叫“乱伦”？不是早跟你说过动物没有人伦吗？何况你们人类的祖先——伏羲和女娲这对兄妹，他们不也是“乱伦”才产下后代的吗？认真研究起来，每一种物种一开始的时候，想不乱伦也不行吧？

还不只科摩多巨蜥哦！澳洲有一种蝎子叫做链蝎，因为生活在广大荒芜的沙漠里，有时候真的是“众里寻他千百度，那人却不知在何处”，只好也来个处女生子——哦，对了，在生物学上这叫做“孤雌生殖”，望文生义，一看就明白。

除了在陆地上这些“怪咖”，水里的无脊椎动物，有一种叫软绵珊瑚的，它们不需另找对象，同一个个体就可以有性生殖——等一下！同一个个体不是只有一种性别吗？要如何有两性来生殖？难道它是阴阳珊瑚？你要这样说也不过分，反正它就是会自己排出受精卵，这不就是有性生殖了吗？

更厉害的是，它还可以无性生殖，就是一个分成两个，两个分

母巨蜥等不到理想的另一半，
只好自己想办法生出孩子来了

成四个……和古老的细胞方法一样，根本也不用管什么精子什么卵子的，真是厉害到让你目瞪口呆吧！

海里还有一位和海绵珊瑚不相上下的，它也姓海，叫做海胆，它既不是排出受精卵也不是一分为二，而是会自己排出精子，也会排卵，让精卵在水中自由组合，形成后代，你说你说，还有比它更酷的吗？

所以关于处女生子这件事，大家就不要介意了，再说一次，“生命自然会找到自己的出口”。

而世界上最“幸福”的、全年可交配的物种——人类，反而在演化上产生了一个巨变，或者说奇迹，也就是有许多人不以传宗接代为生命完整的定义了，他（她）可以不生孩子，以自我的生命完成为满足，而且这个趋势越演越烈，不婚、不生、少子化、人口老化……在世界各国（尤其是发达国家）已是司空见惯，长此以往（虽然还要很久）只减不加，人类确实有可能因而灭种。

当然人类对地球资源掠夺过度，没有了人类，对这个世界只有好没有坏，甚至所有的生物会“普天同庆”。可是另一方面，“复制人”的技术也日益成熟了，到时候不管是孤雌生殖，或孤雄生殖，每个人都可以繁殖跟自己一模一样的后代——这会不会是对人类“不生”这个演化过程的补救呢？套句老话：“让我们继续看下去。”

海胆既会排精子，也会排卵子

11. 戴绿帽的老鹰

母老鹰找到对象后，不但不会乖乖下蛋，还会趁公老鹰出去觅食时“外遇”！而戴绿帽的公老鹰不但不生气，居然还帮它们“巡逻”，是怎么回事呢？

比起多交、杂交、滥交的哺乳类动物，鸟类算是比较“纯洁”一些，至少有部分鸟类是奉行“一夫一妻终身制”，和人类一样——更正：和人类的“理想”一样。

之所以如此，推测因为鸟是卵生的，公鸟和母鸟交配之后，如果母鸟不久就下蛋，那公鸟理所当然认为这是它的后代，甚至乐意和母鸟一起孵蛋、一起育雏。

最有代表性的是大雁，所谓“雁行折翼”，雁群中如果有一只失去了配偶，它就成了孤雁，即使仍然跟着大伙儿行动（如你所知，雁是南北奔波的候鸟，会在天空写两个字：一和人），但晚上大家休息时，一对对卿卿我我，它却只能独自在角落黯然神伤，非但从今以后没有伴侣，还得无条件负责担任守卫。

猎雁的人很坏，他们会故意发出声响，引起守卫的孤雁大叫，雁群惊醒之后，猎人却又动也不动，等雁群看到没事又入睡了，他

忠贞的大雁

"务实"的老鹰

们再如法炮制……如此反复戏弄三次，雁群愤怒极了认为是孤雁故意破坏好事，就狠狠修理它，啄得它满头是包，于是它之后不管听到任何动静，再也不敢出声示警，此时猎人就可以放心下手了。

至于雁群中的寡妇和鳏夫能不能“凑合”成一对呢？因为没有研究不敢乱说，只能赞叹大雁真是忠诚的鸟类呀！

比较起来，老鹰就务实得多。提到老鹰，大家总以为天上展翅翱翔的猛禽，不管大冠鹫、凤头苍鹰或白头海雕（就是美国国徽上那只）都叫做老鹰，其实在生物学上，老鹰是黑鸢专属的别名，不是通通都可以叫老鹰的，不过在天上离得那么远谁看得清楚？你说老鹰就老鹰吧！

一对老鹰“对上眼”之后，首先会找一棵大树一起筑巢，彼此都会去捡枯枝回来，但“房子”怎么盖主要还是听母老鹰的，就像你家若要改建、装潢，最好也听老婆的，否则“后患无穷”。

辛辛苦苦把巢筑好了，两个人，不，两只鹰也行礼如仪、交配过了——说来容易，但鸟类交配是公鸟要整个站到母鸟背上去，战战兢兢，很怕摔下来，只能用嘴喙死命揪住母鸟的颈部，虽然多半是“一、二、三、四”连“再来一次”都不到就完成，但母鸟颈上的毛几乎已快被拔光了，下次有机会不妨观察一下——不是爬到树上看老鹰啦，看地上的母鸡就可以印证了。

照理说母老鹰应该乖乖下蛋孵卵、“成家立业”了？非也非也，这母老鹰却会趁着公老鹰出去觅食的时候，到筑在附近不远的鸟巢里，找落单的公老鹰——没错！外遇、偷情、出轨……随便你怎么讲，就是“不守妇道”了！

这么做风险当然很大，不管母老鹰是对自己“老公”不够满意，还是想为自家多添一些优秀基因，它的“老公”都可能随时打猎回来，在窝里不见老婆，然后出门到处寻找，一下子就撞见了它们的奸情！

眼看一场捉奸大戏要上场了，两只公老鹰一定会打破头或至少戴绿帽的公老鹰会狠狠修理那个“贱人”吧？恰恰相反，绿帽老鹰会在附近翱翔巡逻，确定它们没有受到任何骚扰，直到安心地交配完成为止。

什么？看似威武雄壮的老鹰，竟然是个孬种怯懦的武大郎？这是什么大自然？奇怪！

别急别急，绿帽老鹰等“出轨的老婆”办完事之后，二话不说，押着它回到自己巢中，再也不准它离开，只有一句：“你给我生蛋！”直到“老婆”完成任务为止。换句话说：我不介意你“出轨”，也不在乎你生下的到底是谁的后代，重点是你必须把小孩生在我们自己家里！只要我家“有后”，其他的都可以既往不咎。

你看看！人家老鹰多么务实、多么有肚量，多么知道轻重缓急呀！看来我们人类不该再用“傻鸟”这句话来骂人，有些鸟似乎比人类聪明得多哦。

只有人会嫉妒

雄性的动物与其他雄性竞争同一只雌性，打胜了固然洋洋得意，“使命必达”，但打输了它只会懊恼、不会记仇，不会想着总有一天要痛宰那只获胜的雄性，或者什么时候可以让甩掉自己的雌性好看——不会的，有那样的时间和力气不如赶快去找别的雌性，看看还有没有机会。

“嫉妒”这种负面、没有任何实际用处的感情，动物是不会有的，只有人才会有。

以上是《昆虫侦探》的作者鸟饲否宇说的，别找我争辩，至于你家小狗小猫则属例外，那是为了要向主人“争宠”，不是找不到对象所引起的嫉妒。

12. 赢得鸳鸯薄幸名

交配过后的公鸳鸯，来年交配季就换了一只母鸳鸯；再隔一年，身边跟着的又是另外一只母鸳鸯。三年三个不同对象，原来鸳鸯不是一世情，而是一季情！

要说到鸟类的“忠诚”度，大部分人想到的多半是鸳鸯。

如果有人跟你说在台湾看过鸳鸯的话，请先持保留态度，继而追问他是在哪里看到的，如果答案只是一般平地的水池，那你大概可以确定对方看到的不是鸳鸯，而是绿头鸭。

虽然也是一般印象的“同游水上，公美母丑”，但鸳鸯的头部绝不会是绿的。而且因为它生性胆小，除非像武陵的七家湾溪畔，或是福山植物园的池里，一般人是不容易见到鸳鸯的。

而且以“公美母丑”来判断鸳鸯的公母，其实也不正确。要知道：毛色鲜艳灿烂虽然好看，但也非常“醒目”——不只对母鸳鸯，也对所有的掠食者，包括大冠鹫、凤头苍鹰、黑鸢等猛禽，一眼就会发现，立马俯冲而下，公鸳鸯很可能就此“红颜薄命”。

所以公鸳鸯原先的毛色是和母鸳鸯一样暗淡无光的，如此才能隐蔽自己、保全性命，到了求偶的季节，不得已才换上可谓世

母鸳鸯毛色不如公鸳鸯华丽，还是个会捍卫情郎的痴情人

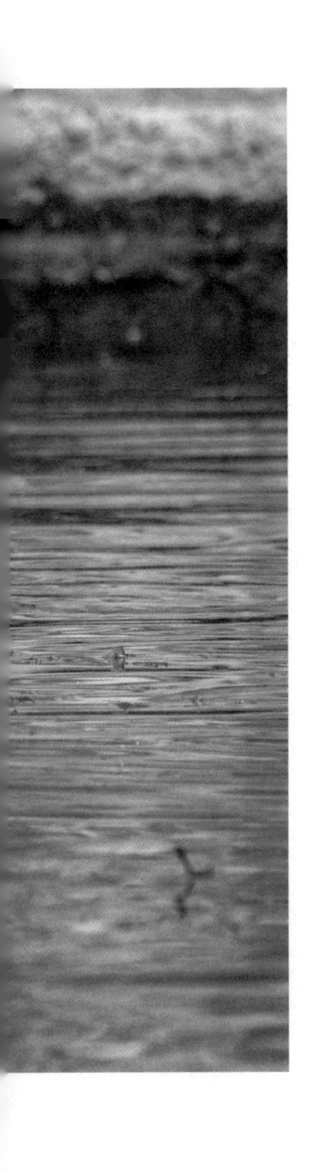

间最美的花色，甚至翘起高高的帆羽——为了博得佳人青睐，它们可是不惜冒着生命危险啊。

冒险当然值得：母鸳鸯们会左顾右盼、品头论足，挑上了自己心目中的“真命天子”后，就渐渐靠拢、依偎过去，公鸳鸯自然是喜出望外、欣然接受，而且母鸳鸯性子颇急，这时候如果看到别只公鸳鸯还在纠缠自己，或另有母鸳鸯想来“介入”他们，它可是会发狠用尖尖的喙赶走“情敌”，确保自己的战利品。

不过一对鸳鸯纵使双宿双飞、情意绵绵，也只限于“前戏”部分，真要交配起来，也跟大多数鸟类一样“一、二、三、四”还没数完，就已经匆匆结束了——这也不能怪谁，毕竟母鸳鸯浮在水上，公鸳鸯整个压在它身上，随时都有溺水的危险，怎么可能持久？反正“重质不重量”，交配成功就好了。

问题是它们是否就在一起，“从此以后过着幸福快乐的日子”呢？

雪霸“国家公园”有人“多管闲事”（开玩笑的！人家可是学术研究），在一只公鸳鸯身上装了无线电，结果发现它在今年的交配季找到对象，等到对方下了蛋之后，它就躲到一边，先把身上的彩色羽毛全部退掉，换上跟母鸳鸯一样的灰暗毛色——所以，毛色鲜艳的确实是公鸳鸯没错，毛色暗沉的却不一定是母鸳鸯，也可能是交配期之前或之后的公鸳鸯，不能随随便便就以貌取“鸟”哦！

到底要如何分辨公母呢？很简单，母鸳鸯的嘴喙是灰色，公鸳鸯则是红色，而且不管它如何换毛，红红的嘴巴是不会变的，反正只有嘴巴鲜艳，就不用担心吸引到天上的猛禽了。

那褪了鲜艳羽毛的公鸳鸯到何处去了呢？第二年的交配季，研究人员发现它又出现了，身边也依偎一只母鸳鸯，不过，这只母的不是去年帮它生蛋那一只“原配”。

第三年，它又出现了，身边跟着的又是另外一只母鸳鸯，换句话说：三年三个不同对象，原来鸳鸯不是一世情，而是一季情！

科学的理性总是摧毁了文学的浪漫，红眠床上画的鸳鸯怎么办？阿嬷枕头上绣的鸳鸯又怎么办？千古以来诗人吟唱不断的鸳鸯又怎么办？每次我跟游客解说到这里，一定让很多人大失所望，有人还会焦急地问：“可是可是，不是说只羡鸳鸯不羡仙吗？”

我只好一脸无辜地回答：“就是因为这样，才只羡鸳鸯不羡仙呀！”

不过公鸳鸯如此“薄幸”，母鸳鸯也要负点责任。大部分的鸟类在产卵之后，会轮流孵蛋、共同育雏，有很长的时间培养“革命情感”，而母鸳鸯找到树洞、在里面生蛋之后，就不让“老公”靠近了，直到小鸳鸯孵化，一只只从树洞里跳下地面（地上有松针落叶等软软的腐质层，不会摔伤），跟着妈妈游到河里或池里时，也

小鸳鸯乖乖地排成一列跟着妈妈

都不关爸爸的事。换句话说：公鸳鸯被晾在一边，几乎没有家庭的参与感，这种感情当然很难长久维系下去了。

下次知道了：别再拿鸳鸯当作此情不渝的范本了，万一对方比你稍懂一点，那不是被讥无知就是被骂无情。

比较起来，台湾的老一辈用“鸳鸯水鸭”来形容男女态度随便、一拍即合，看来他们才是真正了解鸳鸯的咧。

浪漫的公鸳鸯

鸳鸯虽然不像传说中专情，但还是很“浪漫”的；当公鸳鸯被某一只母鸳鸯看上后，即使有另一只母鸳鸯来勾引，这对“情侣”会同心协力将“第三者”赶走。然后母鸳鸯脖子贴平在水面要求交配，公的在附近游来游去，终于“骑”了上去，只见母的不断点头啄水，成其好事。

它们也会互相理毛，用餐时公的会等母的先用，母鸳鸯在树洞里育雏时，公的也会在外守卫，甚至偶尔送些吃的来，一直要等小鸳鸯孵卵而出才会离开。

13. 动物追爱记

看到心仪的对象，动物是怎么追求自己的心中所爱的呢？送礼物，还是林间散步谈心？动物的追爱手段可爱至极。

动物会追求自己的“爱情”吗？它们是如何做的呢？答案不但是会，而且非常认真，因为它交的，就是它要嫁的。

动物又没有货币，最直接的就是送食物了，一般的动物除了父母喂子女，是不会莫名其妙大发善心，把食物给别人吃的，一旦你看到有一只主动拿食物给另一只吃，不用怀疑，就是在“追爱”了！

不只是给食物而已，像公翠鸟就会把抓到的鱼转过来放直，让母翠鸟可以顺着鱼头直接吞食，不必像自己抓到的鱼那样，要一下一下地调整喙部，把九十度咬住的鱼头角度调到零度才吞得下，这种礼遇也只有对方“别有目的”时才享受得到。

公老鹰更帅，例如公的灰泽鵟（音kuáng），会在空中抛出猎物，而母的也非常帅气地在它下方翻转身体，面向上方接住它丢出来的鱼，彼此搭配得默契十足，不输给大联盟的投手、捕手。

家鸽则是不比浪漫，也不比帅气，它比的是温柔：公鸽会在

鸽子的追求方式特别温柔

食物消化之后吐回自己嘴里，然后把喙深入母鸽嘴里，一口一口慢慢地喂它。就好像小情人的温柔缠绵，你不觉得这非常的罗曼蒂克吗？

还有更务实的是帝雕，名叫皇帝的老鹰，哪里会像其他人（鸟）那样小里小气，它直接去猎一只兔子，然后把整只还在挣扎的活兔子送给对方，你看看！谁能不心动呀？重点不在你送我一只兔子，而是证明了你还会抓来一只又一只的兔子，养家活口的能力不容置疑，这样的老公不嫁，还想嫁谁？

但是也有另外一种“廉价”得多的礼物，像公太平鸟，它只送母鸟一个小浆果（够小气吧！），可是母鸟接到后却会送还给它，“意思到就好了，有诚意就可以”，原来这礼物只是象征性的。

这一类“精神至上”的可不少，送枯枝的、送小草的都有，而企鹅最奇怪，它如果看上对方，就捡一颗小石头放在母企鹅脚上，它可能不理你，那就没戏；也可能对你点头鞠躬，那就表示：“你被录取了！”

但眼睛也得放亮点，如果公企鹅误放了石头在另一只公企鹅身上，它可是会被揍的——不好意思，南极还没有实施“多元成家方案”。

如果你觉得企鹅送石头给对象很傻的话（石头有什么用？），据企鹅的说法是这样的：你们人类还不是送石头给对方？被送（钻石）的女生还高兴得像什么似的，好好笑。

也有些不重物质的鸟是以服务取胜，像塘鹅或是鸬鹚，则是帮对方整理羽毛以示好感，算是以做SPA取代礼物——有钱的出钱，没钱的就出力，我们人类好像也是这样。

园丁鸟会盖“豪宅”来吸引对象

公织布鸟用它筑巢的才华，吸引母鸟

而全世界最炫的追求，恐怕是园丁鸟了，它会自己建一座庭园，里面盖一间小屋，有墙壁、有花园甚至还有凉亭，然后摆上各种找得到的东西来装饰，例如贝壳、各种花草、甲虫的翅膀，甚至鲜艳的吸管、瓶盖等，把园庭造得美轮美奂，它再站在前面跳来跳去地炫耀。而母鸟的审美观如果刚好跟它相合、懂得欣赏的话，就可以成其好事、然后再一起筑巢——什么？盖好的这一间不用？哎，盖这间房只是为了“恋爱”，中看不中用，哪能真的养小孩呀？

就像在非洲，一棵树上挂满了不同公织布鸟筑的巢，不是为了大家要挤在一起居住，这些只是样品屋，母鸟看满意之后就跟创作者双宿双飞、另筑爱巢去了——像这种追爱，感觉是不是比较高级一点？

鸟中贵族爱跳舞

澳洲和新几内亚有一种极乐鸟，公鸟羽毛异常华丽，会在求偶时抓着一根树枝在母鸟前表演，喙部（嘴巴）指向天空，展开金色的披羽，又抖松颈部闪亮的绿羽，在树枝上下不停地跳跃，甚至倒挂身体，可说是使尽浑身解数来吸引母鸟的青睐。

由于这种鸟实在太华丽、高贵，太有贵族气息了，所以不同的类别被命名时，也都被冠以和皇家有关的名字，例如鲁道夫王子鸟、萨克森国王鸟和小王爷鸟，真是“贵气逼人”呀！

华丽高贵的极乐鸟

14. 动物也有自慰吗

除了人，动物也会自慰？我就曾在动物园看过一只猩猩，一手拿着香蕉在吃，一脚抓住自己的“弟弟”在自慰，“食色，性也”，同时满足。

日本明星木村拓哉说他十七岁时，每天自慰可达十次以上。此话令我感慨良多。

感慨的不是自己年华老去、欲振乏力，而是时代毕竟不同了。在我年轻的时候（大约是清朝末年民国初年吧，玩笑话），普遍使用的是充满不洁感的“手淫”这个名词，“淫”是过度的意思，所以“太爱做”的女性叫淫妇，下太久的雨叫淫雨，而伴随着“用手过度”而来的，就是肾亏、倒阳，甚至精尽人亡的各种恐吓。有的中学老师还会在课堂上，指着某位眼眶发黑的学生说：“同学，你昨天晚上‘那个’很多次哦。”引起全班低声窃笑，当事人气得涨红了脸，或者羞得低下了头，总之，只能乖乖“认罪”。

后来我跟郑丞杰医师做电视节目时，就“立志”改变年轻人的观念，告诉他们“打手枪”不是罪过，更不影响健康，不但不该叫“手淫”，连叫“自慰”也有点可怜兮兮、自我安慰的意思，根本就应该直接叫“自乐”——自己快乐！

然后更晋一级：把青少男最常在晚上做的两件事，梦遗叫做“自排”（自己排出），自慰叫做“手排”（用手排出），大家不但可以安安心心地做，更可以大大方方地说，更何况在世上所有动物中，可能只有万物之灵的人类才享有这种乐趣呢！

人类做爱（或自爱）主要是为了欢愉，动物交配完全是为了繁衍，所以理论上动物是不自慰的——但是，可以“他慰”。

我有一个朋友到金门当兵，任务是侍候一只军犬（军犬有阶级，也有薪饷，还有专属的“副官”），可能是服役多年的军犬欺负菜鸟，对他非常桀骜不驯，他百般无奈，竟想出了奇招，只要四下无人，他就帮那只狼犬“打手枪”，这当然是狗狗自己做不到，更是想也想不到的天大乐事，从此以后，狗性大变，对他百依百顺、呼之即来，没想到堂堂国军竟变成了军犬的“手天使”，听到这种奇闻我也只好大笑之后长叹，并且好奇的追问“那你如果做太多，它会不会软脚？”

“会耶，”他得意地说，“有一次牵它接受检阅，它因为那天多被做了两次，竟然站不住摔倒了，长官以为它生病，还叫我带去看军医。”

对于帮狗“他慰”的人你可以啐他一句：“无聊！”但在我的家乡、中国的东北，却有人专门帮熊“他慰”，不知你是否听过？

是真的，在“古代”的时候，猎到一张熊皮是可以换很多钱的，但是不管你用刀用枪，都会在熊皮上留下破洞，价值一落千丈，所以要冒险用网子来抓熊，才能得到一张完整的皮。

问题是强壮暴躁的熊，哪里肯乖乖被人“捕获”呢？

所以这时候有一个勇敢的壮年人（年轻人绝无此胆，吓都吓死了），在经常有熊出没的地方躺在地上一动也不动，如果真有熊来了，必定会好奇去闻地上这个“疑似尸体”（熊本来就爱吃腐肉，千万别被课本骗了，以为躺着装死就会没事），当这只熊整个跨在人身上时，这名“勇士”就要伸出手去，开始帮这只公熊“打手枪”，熊这一辈子哪里有感受过这种美妙滋味？顿时欲仙欲死，一动也不动，更忽略了周遭的危险，一直做到喷射机即将一飞冲天的刹那（难怪“打手枪”又叫打飞机！），公熊闭目低嚎、旁若无人，这时埋伏在四周的猎人一拥而上，同心协力用网子将公熊网住，熊身底下的勇士机灵地打一个滚出来——先洗手。

以上是我爷爷亲口所述，绝非苦苓随意瞎编，但你一定跟我有同样问题：“那如果来的是母熊呢？”白发苍苍的爷爷呵呵笑道：“那有什么问题？五指换成一指就行了。”

说来说去，动物都只有“他慰”，也就是“被自慰”的分，一直到我四十岁都没看到任何例外，心中笃定了只有人会自慰的观念，直到我在台中谷关的一家乐园，看到铁笼里关的一只猩猩。大家知道猩猩的脚掌长得跟手掌一样，都是和人手一样大拇指及四指分开的“手形”，它……它……这家伙居然一手拿着香蕉在吃，一脚抓住自己的“弟弟”在自慰，“食色”同时满足，当下大家一边啧啧称羡一边慌忙闪避，免得被它“喷”到就太倒霉了。

我相信了，猩猩和人类，真的是表兄弟，给它按一个赞吧！

猩猩和人类果然是表兄弟啊

15. 狮子王的坏名声

大家别被动画电影《狮子王》给骗了，虽然狮子得打败群雄，才能成为一群母狮中的狮王，但它可没有太好的口碑，因为它除了打架，只“打炮”，不打猎。

看一篇新闻报道，津巴布韦的“国宝”狮王被一位美国牙医伙同众人猎杀，并切下它的脑袋，引起举世哗然、交相谴责。

这位美国牙医也许和世上许多猎人一样，以为猎到一只狮王，就是打败了“万兽之王”，值得洋洋得意，事实上，在东非的马赛人，他们的成年礼就是男人要单独去猎杀一只狮子，而且还没有猎枪可用哦。

你若是有机会参观马赛人的村庄，大约每个男人房里都有一只长毛公狮的头部，有的当装饰品，有的当坐垫，那为什么没有母狮的呢？哎，好男都不与女斗了，何况是母狮子，当然是有长长鬃毛的公狮比较猛啊。

狮子大概都知道厉害了，所以马赛人披着红衣出去牧牛，几乎不曾遭到狮子的攻击，可能它们连基因里都有了记忆：“别惹那些穿红衣的。”

而狮子的鬃毛，确实从青春期开始分泌睾固酮时就越来越长，也表示它的战斗力越强，足以打败其他的公狮争取“王位”，它每打败敌人一次就会褪毛，然后长出更长的鬃毛来，也表示它越来越强了，而且鬃毛的颜色也会越来越深。所以真正厉害的不是金毛狮王，而是棕毛狮王，甚至毛色深到接近墨色，那铁定是“资深”的狮王，错不了。

不过大家别被动画电影《狮子王》给骗了，虽然打败群雄成了一群母狮中的狮王，但它可没有太好的口碑：因为它除了打架，只“打炮”，不打猎。

所以不管斑马、羚羊、牛羚乃至水牛这些猎物，多半是母狮同心协力去打来的（而且成功率极低，大约只有一成），狮王非但很少帮忙，反而在旁呼呼大睡，有时一天可以睡上二十小时都不嫌多。等到千辛万苦、猎物好不容易到手了，狮王却仗着自己的孔武身材和至尊地位，第一个冲出来大快朵颐，母狮们还得乖乖等它吃过才能用餐。

不过天下没有白吃的午餐，当母狮发起情来，那可不得了！几乎每半小时就会点燃爱火一次，虽然每次“燃烧”的时间大约只有二十秒，但一只狮王如果拥有一二十只母狮，那几乎每两三分钟就要交配一次，而且要连续五天，这还真不是普通公狮做得到的。所以有时候母狮也会等得不耐烦，偷偷找狮王之外的年轻公狮，反正能生育下后代最重要。

所以只要狮群中的公狮一到青春期，就会被狮王强迫赶出狮群，要靠自己独立生活。这些“单身汉”不但没有母狮帮它打猎供餐，更没有机会接触火热的发情母狮，有些只好三三两两结盟，才能勉强打到猎物，填饱肚子。

但是“嚣张没有落魄得久”，狮王随着鬃毛越来越深，小孩越来越多，自己年纪却也越来越大，当步履蹒跚、老态渐露时，当年被逐出或从其他狮群来的年轻公狮就会向它挑战，它就不得不重振当年雄风，再度出山，靠战斗维护王者之尊。

然而岁月不饶人，“青春的肉体”向来无敌，如果狮王打输了，它只好乖乖垂着尾巴离开狮群，独自流浪荒野去做游民，而且只靠自己想必也打不到多少猎物，真的可以说是日薄西山了。

还有一种狮王更可笑，它不是被年轻狮子打败，反倒是因母狮越来越多，群体越来越大，它已经“力不从心”，就偷偷地不告而别、“自动退位了”，比起最后满身是伤地被驱逐出境，它好像还比较“识时务者为俊杰”哦。

而新来的狮王第一件事不是急着交配，因为母狮们都忙着照顾和前任狮王生的小狮子呢，所以新狮王必须一只一只，就在母狮的严重抗议和无力对抗下，把群体中所有非它骨肉的小狮子，一只也不漏地咬死——天呀！这是多么惨绝“狮”寰的人伦悲剧呀！难怪狮子王的名声一直好不起来。

狮子王的坏名声

狮子母子的温情时刻

不过这也是情有可原，狮王只有咬死了所有小狮子，这些失去爱子（女）的母狮才可能再度“点火”跟它交配，它才会有自己的基因可以繁衍下去。至于母狮们怎样怀着杀子之仇，还能任凭狮王趴在它们背上，而且轻咬着后颈——或许就是提防母狮来个回头突袭……别想太多了！这是动物，对它们而言，只有两件事是重要的，一是生存，一是生殖。你听，新来的狮子王不怕世人咒骂，正得意地号叫着呢！

音乐舞蹈，各出奇招

发出声音是雄性动物吸引雌性的法宝之一，“吵死人”的蛙类和蝉类我们就不说了，像公猩猩又大声又持久的号叫声，目的在吓走敌人，也显示自己的强壮。

而苏格兰黑琴鸡在一年内有十个月是求偶期，在野外可以不时听到它的高叫声，如果叫声都消失，那就是打起来了。

啄木鸟则发出另一种声音，用喙部啄树干（枯木），一秒钟可啄十二下，好像一块大响板般传遍整座森林，母鸟想不听到也难。

比起以上这些音乐家，公鸵鸟可是杰出的舞蹈家，它会用好像穿着粉红丝袜的脚跳舞，一边摇着尾羽——光凭感觉，就好像巴黎红磨坊的舞者呢！

16. 谁是地表最强？

据说男人在一起，有两样东西是绝对比不得，其中一个当然就是性能力，男人会吹牛自己如何雄壮威武，那么动物界又如何呢？有没有很强的呢？

据说男人在一起，有两样东西是绝对比不得，若比了也绝对不能认输的：一是开车的技术，这个不用说，我曾看过两人在窄巷会车，其实也没发生擦撞，只是一个开车的批评另一个开车的："这样也敢开，技术真烂！"结果两人就大打出手，头破血流，完全是为了男人的尊严而战。

另一个要维护的尊严当然就是性能力了，从"弱而不举"到"举而不坚"到"坚而不久"到"久而无精"，对男人而言都是奇耻大辱，幸亏知道的人"不多"，男人大可以吹牛自己如何雄壮威武……反正，大家都这么讲，大家也都不相信别人讲的。那么动物界又如何呢？有没有很强的呢？大家知道大部分的动物都是"早泄"型，因为身处荒野丛林，公母两只动物在交配时是毫无防卫能力、很容易被攻击的，所以大多"草草了事"。当然也有少数例外，而且被人类当作"效法"的对象，甚至想办法把这只"强壮动物”的一部分吃到肚子里，希望自己“有为者亦若是”，也可以跟那只动物比美。

第一个被看上的是万兽之王——老虎，看它那种天下无敌、睥睨群雄的样子，必定是非常厉害吧？真实的情况却是，公老虎是独来独往的家伙，它既没有很强的性欲，更不见很强的性能力，一辈子里除了跟母老虎交配的那一次，大概就绝少再碰它了。所以虎鞭酒的功效不知是不是商家的夸大之词。

人们也吃“海狗丸”，海狗是不是比较强呢？它跟狮子一样，要打架，把一个区域（如一块沙滩）内的公海狗全部打败，自己称王独揽众姬妾（母海狗不会彼此嫉妒，它们只想找最好的基因。如果比喻成人类，就是每一个女人都想嫁富豪！），最强的一只公海狗可以“统御”五十只母海狗，但它一方面忙着交配，一方面忙着驱赶乘机靠近的“小王”，繁殖期间完全没空进食，大概在半年内可以瘦几十甚至上百公斤，付出的代价不可谓不大。而它所谓的“强”，也不过是体型巨大、体重惊人。

那会不会是大象呢？有人第一次到泰国看到大象，吓了一大跳，发现大象怎么有五只脚？仔细一看才知道有一只是垂挂着几乎要碰到地面的“假腿”，那大象应该很厉害了吧？可是大象的阴茎之所以那么长，是因为它身躯庞大，而且它的交配时间也很短，——因为太重了，如果再久一点，个子比较娇小的母象就要骨折了。

也有人说，熊交配的次数很多，一天要有十几次。

事情是这样的：因为母熊不像其他动物是要排卵了才去找公熊，反而是公熊跟它交配之后，才能刺激它排卵。

万兽之王老虎，居然是个“性趣”缺缺的家伙？

一只最强的公海狗可以“统御”五十只母海狗

那就选一个最特别的吧！你知道地球上唯一会口交的动物是谁吗？哈！就是蝙蝠！至于它这么做有何目的，目前还不清楚，唯一确定的是：蝙蝠的阴茎是有软骨的，不像男人只有那常常充血不足的海绵体。

澳洲塔斯马尼亚动物园表示：当地有一种袋鼩，寿命非常短暂，大概只有不到一年、约十一个月而已。在前十个月它拼命地吃、养肥自己，最后一个月则完全不吃，对所有碰得到的母袋鼩穷追不舍，一个都不放过，通通都要交配到，而且既要不断地跟相争的公袋鼩打斗，也要制服拒不交配的母袋鼩，而且每次交配长达十二到十四小时，完全体现出睾固酮的狂热作用……

在一个月不断狂乱的交配后，它血液中的天然类固醇用完了，整个免疫系统也已崩溃，终于力竭而死，等于它的基因已经决定了它的生死方式，而个别的死亡也换来整个族群的延续。

看完袋鼩短暂又狂放的一生，我正想将它列入冠军，不料又接到美国圣地亚哥海洋中心的来函：乌贼之所以惊人，不在于它身上有两千万个变色细胞，而在它短短两年的生命中，繁衍后代的极端手段。在它的

公乌贼的数量是母的十倍，竞争十分激烈。它虽然也叫墨鱼，但是与鱿鱼和章鱼一样属于海洋软体动物，而不属于鱼类

有些蟾蜍交配非常粗鲁，甚至激烈到“弄破”对方肚子

生命接近尾期之时，会有数百、甚至数千只聚集狂欢。由于公乌贼的数量是母的十倍，竞争和抢夺十分激烈，有些体型较小的公乌贼为了不被其他公的赶出去，竟然打扮成母的（别忘了它的超级变色力！）继续混在里面。在长达两个月迷惑又狂乱的繁殖之后，乌贼完成生育的重责大任，也从而一命呜呼。

英国两栖类研究学会也来信：果腹蟾蜍在生殖期间，白天吃得饱饱的，晚上则开始交配，由于未必能找到合适交配对象，它们会爬上任何东西，例如别种蛙类、例如公蟾蜍（谁该先出柜呢？）、树枝、水里的鱼类，甚至人类的手指上，可以说是完全“盲目”的爱情，主要的原因在于公与母为十五比一的悬殊比例，使得这些公蟾蜍如此激动、冲动，甚至有时候即使找到了母蟾蜍，也因过于激烈而“弄破”对方肚子。母蟾蜍既然死了，原本要生下的孩子（卵）当然也无法幸存，这也是此种蟾蜍数量一直不多、不为世人熟悉的原因。

南非克鲁格国家公园的来函：认为我不理解狮王的苦衷，要为狮王打抱不平。

以一只拥有二十只母狮的狮王为例，母狮发情期每二十五分钟会要求一次交配，即使真正的交配时间不长，但二十只母狮若同时发情，狮王必须连续五百分钟处于待命状态，再扣掉每天睡眠、休息约十二小时，几乎连用餐时间都没有了，本国最高纪录，曾有狮王在三天内连续交配两百多次，因体力不支而由兽医打点滴补充养分，作为万兽之王，狮子最强的还是性能力的部分啊！

虽然来信情真意切，和我的认知也有一段距离，但我还是在百般纠结之中，把地表最强的荣耀给了侏儒黑猩猩，因为根据《国家

“含情脉脉”的狮子

地理杂志》报道：它的DNA有98%和人一样，也不像其他动物只为繁殖而性交，甚至以性交为一种社交方式，为了满足，为了抒压。除了天经地义的公母之间，另外不论公与公、母与母甚至老与小，大家都可以随时随地、快速而冷静的“来一下”。也可以说性交只是一种打招呼的方式，类似人类的握手而已，其次数之频繁可想而知，其之成为一种全民运动也可想而知。

如果这不是地表最强性能力者，还有什么是地表最强呢？侏儒黑猩猩，叫你第一名！

最没用的“咖小”

讲了许多很“强”的动物，何妨也来谈一下很“弱”的动物。

最有名的就是猫熊了，它只有在动画电影里很厉害，在真实的世界里，可能是因为只依赖没什么营养的竹子为生吧，虽然平白长了三四米的大个子，交配时却常常因为脚不够力而“上”不去，在养育中心里还要靠人帮忙（多像古代的皇帝呀！）。

有些动物园为了刺激猫熊发情，还要播放别的公猫熊和母猫熊给它们参考、刺激，实在是太逊了！

猫熊交配不但往往力不从心，还得靠外界刺激

17. 都是睾丸惹的祸

睾丸会在青春期开始分泌睾固酮，让雄性动物变得凶暴、好斗。只要看看家里的青少年那一脸桀骜不驯、全世界都欠他的样子就知道了！

最近常看到，不，有史以来就常看到青少年好勇斗狠、打架闹事的新闻，大多数人（包括媒体）的反应，总是归咎于“子不教，父（母）之过；教不严，师之惰”，不是家庭教育有问题，就是学校教育有问题，甚至连累到社会也有问题。

其实青少年之所以如此，根本没有问题，和全世界的青少年动物一样：都是因为睾丸的问题！

此所谓“万方无罪，罪在睾丸”，因为一个人（或一只禽、一头兽）到了青春期，也就是求偶期，那要凭什么求偶呢？在野生动物的社会里，选择权是由母的掌握，以生物学来看，雌性体本来就优于雄性体，如果处在同样的极限条件，女性的生命力比男性强得多！

所以由女性来担任繁衍后代的重责大任，是非常合情合理的，而男性想要被女性选择，只有“证明自己有多强”这一条路。

既然要争强斗胜，当然要靠睾丸帮忙（这是女生唯一没有的器官！），睾丸会在青春期开始分泌睾固酮，让男（公）的变得勇猛、凶暴、逞强、好斗……各位爸妈只要看看家里的青少年那一脸桀骜不驯，一副“全世界都欠他”“他就是想打人”的样子，就知道是怎么回事——他进入悸动的青春期了！

在睾固酮的大力催动之下，雄性开始释放强烈的荷尔蒙，大部分表现在尿液里，所以公狗为什么要对着柱状物抬腿撒尿，一方面让你晓得这是我的地盘，一方面脚抬得比身体还高，让你以为我个子高大，不战而退。所以有些花豹，甚至会倒立起来，在树干的更高处撒尿，也无非是虚张声势。

所以陌生的狗狗见面，第一个动作先碰鼻子，接着就去闻对方的私处，重点在闻对方的“味道”有多强，评估一下自己是不是人家对手，请爱狗的主人们（尤其是女生）千万不要觉得不好意思，你的小狗不是好色，而是自然、健康！

不只狗狗和花豹、长颈鹿会到处闻尿液，大象也会举起尾巴释放荷尔蒙，举起鼻子闻出里面的所含的“讯息”（是比我强的吗？我快滚！是比我弱的吗？给我滚！）。

如果是不相上下或是退无可退（总不能因为孬种而绝种），那就只好决斗了！如大家所知，狮子会打架，熊会打架，猴王之战更是动物园里的年度好戏，而一般只要长角的，不管是牛、是羊、是鹿甚至是甲虫，都是用来相斗的，如果没有男性特有的睾固酮“助阵”，哪里打得过人家？又如何抢得到如花美眷传宗接代呢？

就连看起来温顺驯良的兔子，为了抢夺对象，公的也会互相追逐、站起来像打拳击一样的相斗（跟袋鼠打架差不多！），分

当看到长颈鹿拼命“摇头晃颈”，那就代表它发情了

出胜负之后，赢的也不必太过高兴，“开心”的时间只有三十秒左右，而且母的还会多找好几只公的来“开心”——当然，只限于打赢的。

平常看起来外貌优雅、动作优哉的长颈鹿，到了交配期一样逃不过睾固酮的“催促”，公的都会兽性大发，用它长长的、有七节颈椎的脖子，像打高尔夫一样的互相摆颈捶打；或者用头上短短的、但尖尖的角刺入对方身体，严重得被打到脑震荡而死。从它可爱的外表，你一点也看不出来吧？

非洲象因为势均力敌，每天要打好几个小时，连续打好几天、打到伤痕累累，甚至用象牙刺死对方，这才甘心休战。

这一切都为了什么？还不是为了争取对象、繁衍后代。

那你说我们是文明的人类，还需要靠睾丸决胜负吗？答案是要的。根据学者调查，睾固酮浓度高的男人，因为有积极、侵略的功能，因此在财富与权力的争夺上都比较强，更容易得到女性的青睐，当然也更有机会繁衍强壮的后代。

非洲象虽然动作慢，却很会打持久战

爱情也是一种瘾

吃巧克力会上瘾、吸烟会上瘾、喝咖啡也会上瘾……因为这些动作都会让我们脑中分泌多巴胺，而我们对异性产生爱慕之后，也会大量分泌多巴胺，让我们兴奋、狂热、心跳加快。但是人体无法一直承受这种“快乐”太久，所以大脑会让多巴胺在控制下自然排出体外。

恋爱使人“疯狂”的过程，通常不会超过两年，随着多巴胺的减少，激情也变得平淡，并不像恋人们原先想的可以天长地久。说来说去，爱情也不过是一种内分泌作用而已，文人雅士们，实在不用太过歌颂它呀！

18. 票选模范好丈夫

雄性动物也不是都交配完就走，还是有很多好丈夫代表的。亲爱的女性读者们，你心中的好丈夫是谁呢？看看这篇文章，投下你神圣的一票吧！

如你所知，雄性哺乳动物对雌性的态度一贯是“目的明确”交配完就走，很少像部分鸟类那样会一起孵卵、育雏，做个人人称道的好丈夫，反而是急着去找别的对象继续交配，别说照顾自己的孩子，连自己到底有没有孩子也不知道，更没有机会骨肉相认，以做个老公的标准来说，通通不及格。

但也不是没有例外，例如蟋蟀或螽斯，它们碰到雌虫非但不急着交配，反而将自己的精子包裹在一堆又黏又腻的精荚（又称精包、精子包囊）里面，交配结束之后，它还会把这一包外挂黏附在雌虫的生殖孔外。

这么做是为什么呢？原来这精荚里面不只有雄虫的精子，还有富含蛋白质的养分，雌虫交配完之后也不用急着去觅食，只要低下头去吸食白色的精荚就可以了，甚至带着精荚到处跑……因为提供了这个“超级便当”给女生，不但女生能获得产卵所需的额外营养，男生的精子也有机会继续进入雌虫体内，“多生几个孩子”。

像这种至少负担“营养费”的家伙，还算是不错的老公吧？而且不必像黑寡妇蜘蛛或螳螂那样把命送掉，只是让对方吃食精液而已何乐而不为？

至于犀鸟，则以另一种方式竞选“动物界好丈夫”：母鸟找到洞穴之后，会用泥巴、鸟粪和唾液混合“抹壁”，把洞封起来，公鸟也在旁边帮忙，最后是把母鸟关在里面，洞穴大部分封住，只留一个小小的洞口，非但别的动物（例如蛇、蜥蜴）进不来，母鸟自己也出不来了。从此以后，母鸟就在洞里安心孵蛋，而公鸟则来来回回地去猎食昆虫，回来一口一口地喂……这段时间，只要公鸟转个念头走了，母鸟非饿死不可，偏偏这个丈夫如此“痴情”，每天辛辛苦苦的不但要自己吃饱，也要喂饱关在洞里的妻子，一直等到“孩子们”孵化了，公鸟才从外面打破这个庇护室，让妈妈出来。

事情还没结束哦！公母鸟这时又同心协力再把洞穴封起来，留下刚出生的小鸟在里面，这次换爸妈两个一起通过这个小洞口把这孩子都喂饱，等它们有了基本求生能力，再一次打破洞穴放出来！

这种丈夫很负责、很称职，很值得称赞吧！不过也有一种鸟（为了名誉，我们姑隐其名），是母鸟在公鸟做好的巢里下蛋，却把蛋藏在鸟巢的夹层里，让公鸟以为它还没下蛋，不敢随便离开，等到时机成熟，它才把蛋放到外面然后自己飞走，公鸟这时才发现有蛋！但母鸟早已远走高飞，它只好叹口气，自己认命地孵那些鸟蛋，这种被骗、被迫孵蛋的，好像不太够格当选“好丈夫”哦。

如果要让天下女性都称赞的，那就非海马莫属了。做太太最辛

公犀鸟会把母鸟关起来，悉心照顾

公海马负责怀孕这项最辛苦的工作，超暖心！
图中就是一只正在产子的公海马

苦的当然是怀孕，而如果先生能承担这项工作，那不叫好丈夫，还有谁能叫好丈夫？公海马居然是负责怀孕的，但它并没有排卵哦！而是它的胃部里面有卵囊，母海马把卵传给他，他就乖乖放在肚子里，大约十五天后，就把孵出来的小海马像挤牙膏一样，一只一只从身体里挤出来，如果你有幸看过那个画面，一定觉得可爱极了！

你觉得公海马这样就笃定获得“最佳丈夫”了吗？那可不一定。在澳洲有一种科罗澳拟蟾，是一种濒临绝种的蟾蜍，它体长大概只有三厘米，繁殖期会在水源附近，用后腿把苔藓造成一个房间（正式名称叫巢室），然后开始“呱呱呱”发出求偶的叫声，当然有母蟾蜍会被吸引过来，一看房子盖得还不错，芳心大悦，就下了十几二十颗、最多三十颗蛋，公蟾蜍于是射精在卵上（没错！两栖类和鱼类都是这种“不接触”交配法）。

母蟾蜍走了，公蟾蜍继续留下来，继续叫，继续吸引别的母蟾蜍来，一季最多可以吸引十几只母蟾蜍来产卵，然后它让卵块受精……如果“生意”太好，它还会独力盖第二个房间来放卵，然后独自守在巢中六到八周，直到巢室里充满雨水（秋、冬容易下雨），它保护的这些受精卵才逐一孵化，变成可爱的小蝌蚪在水中游来游去——怎么样？不管几个老婆生几个小孩都由它负责，这是个不折不扣的好丈夫吧？

亲爱的女性读者们，你心中的好丈夫是谁呢？是蟋蟀、是犀鸟、是海马还是这种蟾蜍？请慎重投下你神圣的一票哦。

狼是专情的一夫一妻制

动物世界还有一夫一妻吗？

除了大部分的鸟类，到底还有没有动物是一夫一妻制呢？答案是狼！没想到吧？母狼怀孕后，公狼会一直保护它，也会将猎来的食物吞入腹中（所谓狼吞虎咽），回到窝里再反哺给小狼吃。小狼三四个月大时，就会跟着爸妈一起出去猎食。

由此可知，“狼心狗肺”对狼、对狗都是不公平的，建议改以“禽兽不如”取代。另外一夫一妻制的动物还有水鼠、猫头鹰、秃鹫、羚羊、狐狸、水獭……其实也不算少啦！

19. 谁是最恐怖的情人

动物交配是为了传宗接代，就算交配后你把我吃掉（还有比这更恐怖的吗？）也毫无怨言。但仍有几个“恐怖情人”，和“温柔”两个字绝对沾不上边。

不知道是世界末日将近，还是阿嬷说的“歹年冬，多肖郎”（意为，在不好的年代，疯子特别多），一段时间以来，每天只要翻开报纸一定会看到有关“恐怖情人”的新闻，或是暴力相向，或是强迫囚禁，甚至血流五步同归于尽……可以说是家常便饭，真叫人怀疑现在的男女连恋爱都不会了吗？如果真的爱她，又怎么狠得下心、用如此残暴血腥的方式对待她？

那么在动物界有没有这种“恐怖情人”呢？照理说，动物交配是为了传宗接代，当然是你情我愿，就算交配之后你把我吃掉（还有比这更恐怖的吗？），我也毫无怨言，所以理论上说是没有恐怖情人的，甚至强人所难的都不多。

我在电视上看过一个节目，三只公花豹绑架一只母花豹，不让它离开，要等它发情（排卵）再跟它交配，结果软禁了母豹三天它还是毫无“反应”，三只公豹也只好悻悻然离去。由此看来，动物

公鲨鱼想交配时会集体追逐母鲨，不追到手不罢休

界是没有强暴这回事的啰？那又未必见得，像我们知道大象是母系社会，一群大象是由资深的象大姐领军，而地位较低的公象往往得不到成年母象的青睐，“饥渴”之余只好把念头动到小母象身上，它会趁众象不注意时，对小母象“霸王硬上弓”。小母象跑不快、力气也不够大，虽然不情不愿也只能乖乖就范，恐怖的是成年大象体型太重，往往趴在小母象身上，极易就把对方弄成骨折、甚至终身残废了，你说这种情人够恐怖吧？

有些恐怖情人，光看外表就猜得到了——鲨鱼。公鲨想交配时，会一大批一起向母鲨“大进击”，母鲨为了躲避公鲨们，有时不得不逃到浅水的地方以免骚扰，公鲨却会死死跟随好几个小时等待交配的机会，常乘机咬住母鲨的胸鳍想让它就范，而母鲨则在浅水的地方扭转身体想要挣脱，但通常公鲨力气较大，把母鲨的鳍咬伤，非把它翻身过来交配不可。一般来说，成功的机会只有十分之一，但母鲨受伤致死（没有了鳍无法正常生活）的比例也非常之高，可以说是非常“惨烈”的交配方式。

但是又何奈？谁叫它们是鲨鱼呢？连还在妈妈肚子里的兄弟姐妹都会互相厮杀求生，它们和“温柔”两个字是绝对沾不上边的。

另一种恐怖情人，是会先杀了你的小孩再跟你求欢的——聪明的读者们当然早知道这是公狮子，不过我偷偷告诉你：不只狮子哦，公的棕熊也一样会杀死不是它亲骨肉的小棕熊，像这种“杀子之仇”的情人，还不够恐怖吗？

有一种恐怖情人则比较另类，我们知道很多雄性动物会送食物给雌性动物，以换取交配机会，但澳洲的公袋獾却喜欢把自己咬死的猎物、也就是尸体送给对方来求爱，对这种送尸体的情人，你会不会觉得恐怖哦?

很多人喜欢吃鮟鱇鱼火锅，却不知道鮟鱇鱼是最恐怖的情人，公的只有母的身体十分之一大，公鱼找到母鱼时会紧紧贴着对方，一直到自己完全融入对方的皮肤为止，甚至自己的内脏也逐渐消失、身体溶化，那它这样要怎么活下去呢？很简单，就靠吸母鮟鱇鱼的血过活，是一个不折不扣的吸血鬼丈夫（怎么？好像我们人类也常有这一种？），而公鱼全身唯独剩下的生殖腺，就是将来和母鱼交配的工具。我们无法为你访问母鮟鱇鱼愿不愿意，但它们世世代代的确是用这种恐怖的方式存活下来的……

母鮟鱇鱼看不见公鮟鱇鱼附在它身上，这还不是最恐怖的，如果

公鮟鱇鱼是不折不扣的吸血鬼丈夫

我说每天有无数场交配在你脸上进行，你会不会全身起鸡皮疙瘩？是真的！我们的脸上，住满了要用放大镜才勉强看得见的尘螨，白天它们乖乖躲在我们的毛细孔里面，以我们的皮屑为生，晚上它们就跑出来，在我们熟睡的脸孔上，大剌剌地交配起来——哇！恶心死了！不然你要叫它们去哪里交配？它就一直住在你脸上啊。

最让人觉得恐怖的情人：尘螨，你当之无愧，我投降。

头上的蚊子圈

走在乡间小路上，常常有一群蚊子绕在我们的头顶上盘旋不去，既恐怖又烦心，其实这种蚊子是不咬人吸血的，叫做摇蚊，也有人说就是蚊蚋的“蚋”，但此说存疑。

雄蚊们形成那样的圈圈，是用飞翔拍翅的声音来吸引雌蚊飞进来，首先向雌蚊示好的就可以交尾，其他雄蚊只好继续转个不停，看还有没有别的机会。至于它们为什么要选我们的头顶？一是人类的体温高，二是被人呼出的二氧化碳吸引（这两者也是易被蚊子叮的原因），反正它们不叮人，我们也没有损失，大家就忍耐一下吧！

绕来绕去的蚊子，正在等待交配的机会

20. 动物也在比大小

从微微有一点性意识开始，男生就开始介意自己的“弟弟”是不是比人家小，动物要做择偶竞争时，为了吸引异性注意，并让同性知难而退，当然也不例外。

多年以前，王伟忠有一次在电台访问我，他问：“苦苓，我们两个谁比较大？”我回答说：“你是问哪里？”搞得连口才一流的他都一时语塞。

那时的我年少轻狂，为了要幽默而说话不知轻重，不过现在回想起来：我也跟所有男人一样都是受害人，因为我也从小被男生们“比大小”的压力所迫，无法幸免。

从微微有一点性意识开始，男生们就开始介意自己的“弟弟”是不是比人家小，当然也有很多教科书或好心的老师、专家告诉我们：“大小没关系。”但更多的辣妹、熟女公开表示：“大小绝对有关系。”你觉得何者较为可信呢？于是男生们乃至男人们，都对自己的“弟弟”和对女性的胸部有一样的期许——宁可大、不可小。

动物要做择偶竞争时，当然也不例外地要“比大小”，但它们不会眼光浅短地只比“弟弟”的大小。它们先比的是体型，个子越大就表示品种越好，能吸引异性的注意，也能让竞争的同性知难而退，真的打起架来，大个子总是占优势的——你觉得自己和姚明打架谁会赢？

除了个子大，力气也很重要，例如天天要打架抢老婆（应该说是老婆们吧，或者说妻妾成群）的海狮、海豹或海狗，既无尖牙也无利爪，除了用相扑的方式互撞之外也难分高下，当然得有足够的力气才行。

还有许多水鸟，例如鹏鹈这一类的，公母会在水上共舞，摆出各种华丽困难的姿势，可别以为它们是在谈恋爱，是母鸟在做各种高难度动作，让公鸟跟随模仿，如果跟得上，表示“给力”，可以考虑共筑爱巢；要是气喘吁吁地跟不上，那不好意思，自己回家吧！

除了比力气大的，也有比声音大的，例如蛙类吐气鸣叫，颤动它的两颗声囊（如此才有身历立体环绕音响效果），那一鼓一鼓的声囊，简直震耳欲聋，比张惠妹唱的《三天三夜》吵得多了。

不管是低吼的牛蛙、尖叫的树蛙或是颤声的蟾蜍，叫的声音不同，语意却都一致：“我准备好了，来吧！”

当然动物中也不乏比器官的，不过比的多半是露在外面很明显的器官，例如羊、鹿或羚羊的角。尤其是鹿，有些公鹿贪心到一个人要占五十只母鹿，那当然就得打上上百场的架，它们用大角相斗，有时互相缠住、分不开而饿死，有时力气用尽而死，每一位都可以说是为自己的基因而奋战的斗士。

还有些器官只是大来唬人的，例如象鼻海狮的象鼻，一条软

公鹿美丽的角，是吸引母鹿的利器

趴趴地挂在脸上，一点用处也没有，偏偏母海狮就会看上它，跟有着长长鼻子的长鼻猴一样，都是名副其实的“大鼻子情圣”。

招潮蟹更好笑，一只螯长得特别大，跟身体不成比例的大，在潮间带高高举着，想吸引母蟹看上它的“大家伙”，而这只巨螯有什么用处吗？没有，反而在进食的时候，两只螯一样大的母蟹可以“双手”同时用餐，而公蟹反而只能高举一只大手，用另一只正常的小手吃东西——效率整整差了一半，这也没办法，“不结婚，毋宁死”，这是动物界奉行的铁律。

甲虫就理智得多，以独角仙来说，公的虽然长了大大的犄角，但他择偶时先用角去碰对方，如果没什么反应，那对方应该是母的，二

公招潮蟹的单只大螯，中看不中用

独角仙的角是用来衡量对方“该上还是该打”的工具

话不说，上！如果是公的，就从对方犄角两叉的宽度来比较一下身材，如果碰到姚明，那就快闪；若是碰到个头小的，那当然立刻把它干掉——但它一定识相地先逃再说。

如果体型相当，那就不得已非打上一架不可，打到翅膀上伤痕累累的有，打到犄角断掉的也有……难怪在野外采集得到的独角仙，通常都是大型的比较多。

可见得小也不见得不好！美国纽约的布鲁克林，每年会颁一个“最小阴茎盛会”（Smallest Penis Pageant），对自己“弟弟”的大小缺乏信心的人，这倒是一个夺冠的机会。

神秘的驯鹿角

一般都是公的动物长角，母的不长，除了驯鹿（就是圣诞老人用来拉车那个驯鹿，为首的名叫鲁道夫）是公母皆长。公鹿当然是以角为性的武器，用来在发情时赶走其他公鹿。而母鹿怀孕后，公鹿的睾固酮下降，引起骨头细胞的变化，它的角在冬天就脱落了（约十一、十二月），可以说是“功成身退”，等到春天再长新角。反而是怀孕的母鹿从冬天到春天都保有鹿角，有时还可以用来击退敌人保护自己的地盘，要等生产后，在四五月时角才会脱落，没有怀孕的也只是早几周才脱落。

那么，如果你在二月份看见一只有角的驯鹿，那它到底是公的还是母的呢？

美丽的驯鹿，也承载了很多孩子的梦想

21. 花花娘子是哪位

人们用“花花公子”来形容对爱情不专一的男士，但鸟类中也不乏“花花娘子”，生完蛋后就另结新欢。原来跟它“结缘”的那位，只好乖乖留下来孵蛋，做个“单亲爸爸”。

“男人很花心”应该是天下女人的共识，而“雄性哺乳动物很花心”大家也都能理解，那么比较难得有“一夫一妻”制的鸟类，是不是应该得到较多人（尤其是女性）的掌声呢？

其实一夫一妻，共同承担育雏、警戒任务的鸟类，是有原因的：因为它们的小孩晚熟，刚出生时连眼睛都无法睁开，要不是爸妈轮流打猎喂食保护，可能没有一只能逃过夭折的命运。而既然爸妈一起努力这么久，当然也没有多余的心力去“外遇”，也就理所当然的“忠贞”了——以这个标准来看，小孩更难养育的人类应该更忠贞才对。

这些需要照顾比较久的鸟类，多半是体型比较大、寿命也比较长，像大雁、天鹅和一些种类的老鹰，它们忠贞的好处就是可以有固定的巢，长期配合的默契，对环境熟悉的程度高，很自然就造成

“一夫一妻”终身制了，并不是它们的“鸟格”比较高尚哦！做太太的可别拿这点来教训花心的老公。

也因此，小型、较短命的小鸟就没必要那么忠贞了，人生苦短、活在当下，能多找几个对象、多生几粒蛋才是重要的吧！

这些“一夫多妻”的鸟类，为何胆敢留下小孩让母鸟独自抚育呢？一方面是这种小鸟长得快，另外也因为所处环境食物（昆虫与果子）丰富。例如雉科、鸭科的小鸟，孵化后没多久就会走路、游泳，母鸟自己照顾就足够了，公鸟只要负责去多繁衍一些后代就行了，也不表示它的“鸟格”比较低哦。

相对于这些花花公子，鸟类中也不乏“花花娘子”，也就是“一妻多夫”的家伙，例如水雉，母的不但长得比公的体型大，羽毛也同样华丽，所以母鸟能轻易找到公鸟，“噗”地一下生完蛋后就置之不理，再去找别的“野男人”，哦不，“野男鸭”，这样更难听，“野公鸟”啦！而原来跟它生育后代的那位，只好乖乖留下来孵蛋、育雏，乖乖做个“单亲爸爸”——不然怎么办呢？总不能就这样绝种了。

可是母水雉也不是不负责任哦，不是说它的体型较大吗？所以它会在和附近的公鸟都交配完之后，继续监控自己“生育”的区域，随时驱逐外来的入侵者，保护孩子安全，也是很辛苦的啦！

另外一位是大名鼎鼎的彩鹬，也是一反常态，母鸟花色比较艳丽，经常花枝招展地主动追求公鸟，一次交配大概生下四颗蛋，下完就留给羽毛朴素、不容易被发现的公鸟去孵化，一般大概要找足四个对象之后（而且不找已婚的哦，因为已婚的一定有蛋要孵、有仔要喂），完成了它“一妻四夫”的传奇，才算是达成任务，功德圆满。

大雁和天鹅，都是忠贞的一夫一妻制

母水雉生完蛋后，就把养育责任交给公水雉了

先别忙着骂它们花心，它们也是有苦衷的：因为它们的巢筑在水上或水边的植物上，其实很不稳固，一下不小心小鸟就会沉进水里，或者被人家偷偷虏走，所以母鸟要省下孵蛋和育雏的时间，尽量多生一点，采取“蛋海战术”，才不会有灭种之虞——说来说去，也是环境使然，跟它的“鸟格”依然无关。

不过由此我们可以得到一个启发：公的毛色比较美的，较多是“一夫多妻”；母的颜色漂亮得多的，大概是“一妻多夫”；而毛色一样丑或一样美的，“一夫一妻”的概率就大得多。这是否告诉我们：男女两性之间的条件也应该平衡、相当，差距不大，才不至于有一边生“异心”而有“外遇”呢？

除此之外，鸟类还有一种“叔叔阿姨”制的，也就是一大群鸟聚居在一起，也一起“合作生殖”，彼此都可能有对方的后代，因此连蛋都生在共同的巢内，大家同心协力，一起孵它一起喂养，大公无私，容易成功，像小小的冠羽画眉，就是靠这种“鸟民公社”的方式繁衍后代的呢！

什么？你说这根本就是“多夫多妻制”，没错啊，对动物来说，有后代最重要，用什么方式有后代一点也不重要，我们不是经常看到台湾蓝鹊，一飞出来就是跟着一只，常常四五只结成一“党”吗？大家都是好“姐妹”，当然要好好相处啦！

22. 你做的事，你并不明白

动物的两性关系似乎比人类粗鲁、直接、现实得多。不过认真追究起来，人的许多两性交往行为，还是充满“草木禽兽性”的，怎么解释呢？

由于撰写这本书，我似乎成了中国台湾唯一的“动物两性作家”，如果和人的两性关系比起来，动物似乎粗鲁、直接、现实得多，不像人类两性交往那么细致、文雅，而且讲究。不过认真追究起来，人的许多恋爱或交往行为，其实还是充满“草木禽兽性”的。“禽兽”在这里没有贬义，就是鸟类和兽类的统称。

例如男人送花给女人，为什么只送花、不送枝或叶呢？后两者不是更容易取得、花费也比较少吗？如果你只以“花比较好看”做理由，那就太天真了！想想看，花是植物的什么器官？——性器官？生殖器官？答对了！

所以男人送花给女人最终目的，就是为了生殖而已，读者诸君也许会说：“你心思怎么如此邪恶，人家送花不过是表示好感而已，何至于像你讲得那么心怀鬼胎？”但我请问：表示好感之后如何呢？交往；交往之后如何呢？恋爱；恋爱之后如何呢？结婚；结婚之后如何呢？还不就是性、还不就是生殖？

承认吧，对一个男人来说，送一把花给女人，和送她一盘“鸡公蛋”（一种客家人的饮食习惯，对女人有养颜的功效 ，对男人可以补肾）用意是一模一样的。

不只是送花，送巧克力也一样，你为了想尝甜头，所以先送她一点甜头，但天下糖果那么多，什么糖不好送，偏偏送巧克力呢？麻烦查一下十六、十七世纪的欧洲历史，那时候巧克力几乎是当一种春药在用的，而且是专给女士用的，男士送上巧克力，“窈窕淑女”们吃了巧克力芳心大喜，成其好事……史迹斑斑可考，可别说是我在吹牛。

附带一提：养狗的人都知道不能喂小狗吃巧克力，为什么？因为它会太刺激、太兴奋而死，巧克力中有什么成分如此强烈，还需要我在这里多说吗？

而女性用来装扮自己、吸引男性的“武器”，也是大有玄机的。例如女人为什么擦香水呢？当然是为了吸引男人！你别狡辩只是喜爱香味而已、跟男人无关，请你查一下所有香水的成分，不管是玫瑰、百合、紫罗兰、熏衣草，香水中绝大多数都含有一个固定的成分，那就是麝香。

麝香是什么？简单讲就是动物生殖腺的腺体了！换句话说：因为女性在演化的过程中，失去了散发女性荷尔蒙的能力（当然也有可能是男性失去了发觉荷尔蒙的能力），所以只好用含有荷尔蒙的香水擦在身上，以便暗示，甚至明示。

当然女人是不会承认这一点的，何况大多数的女性并不知道这一点，只知道香水果然是诱惑男性的“工具”之一，毕竟很少人看过像我这样分析透彻、入情入理的大作呀！

聪明的读者一定会问：如果香水是这样，那口红又是干吗用的呢？看起来比较有精神、比较好看？不只如此吧？有一个说法是这样的：请大家注意灵长类的动物，也就是我们人类表亲这一类，例如猴子、狒狒、猩猩等，它们的臀部（含私处）是没有毛的，没有毛当然一来是为了排泄方便，二来这里是雌性向雄性“宣示”的好地方。

发情的雌性，暴露在外的阴唇会变红，雄性只要看到它抬得高高的、红红的阴唇，就会雀跃不已，跃跃欲试……人类文明进展到人人穿上衣服，当然就无法以暴露红色的阴唇作为“讯息”，所以进化的结果就改在嘴唇上涂抹口红，形成另一个红色的“唇”，代表同样的用意——吸引异性！

郑重声明：以上理论出自世界有名的人类学家麦瑟尔夫（Dr. Myself），读者诸君当然可以当作胡扯而一笑置之，但不妨偶尔想一想：男人为什么送花和巧克力给女人，而为什么擦香水和涂口红的女人，总会特别引起男人的兴（性）趣呢？

或许这正是老祖宗残留在我们基因里的“本能”呢！

花，就是植物的性器官

23. 植物也会“射精”吗

动物的性器官大部分藏在肚子底下、两腿之间，平常也只是若隐若现。植物的性器官却公然大方地暴露在外，是不折不扣的暴露狂！

看多了光怪陆离、不可思议的动物性生活，你一定会觉得比较起来，草木（也就是植物）的性生活没什么好介绍的吧！毕竟植物是不能移动的（不是不会动哦！生长、开花、结果都是动），想碰都互相碰不到，还有什么精彩可言呢？

那可不一定！要知道动物固然都有性器官，但大部分藏在肚子底下、两腿之间，平常也只是若隐若现的，而植物因为自己不能移动，所以它的性器官是公然、大方、极其明显地暴露在外的，以人来比喻，绝对是不折不扣的暴露狂！

除了蕨类、苔藓类、菌藻类这些靠孢子生殖的之外，其他所有植物都会开花，而花正是植物的性器官——好吧，如果说成生殖器官你会比较“舒服”的话。总之植物不管是乔木灌木，不管是大树小草，它的花都是很明显的，摆在身上第一眼就要被人家看到，否则……

种香蕉可不能全种公花，否则一辈子也长不出来

否则它就死定了——亡花灭种！

既然植物有性器官，那有没有公母之分呢？有的有的，有公花、有母花，有公母同体的花，而在同一种植物上，有的是公母花长在同一棵，有的是一棵长公花、另一棵长母花，例如香蕉、银杏、西瓜等，如果你不幸（慎）种了公的香蕉，那可是一辈子都等不到香蕉吃的。

你怎么知道自己种的是公株或母株呢？其实是很难的，除非它开花了。例如构树，它的公花是柔荑状（柔荑是什么？就是古代说的手，我也不知道干吗那么文雅），也就是一条一条的，有点像投手的手臂，方便把花粉洒向对方；而母花则是球状，看起来像捕手的手套，正好去接那些飘过来的花粉！

再拿秋海棠来看，公花只有一堆雄蕊，没有雌蕊。而母花就有稍微扭曲的柱头和带着翅膀的子房，带翅膀干吗？它又不是小鸟，但它也想飞呀，等“开花结果”、果实发育成熟了，它就可以借着翅膀飞离妈妈到别的地方繁殖，毕竟孩子总要离家的，不是吗？

如果它已经结果了，那当然是母株不用说了。据我所知，植物界不像动物界有海马、海龙这种爸爸负责生小孩的。

还有很多花是雌雄同体，有雌蕊也有雄蕊的，雄蕊通常很多只，顶端带着花药（花粉囊），里面藏着花粉，也就是植物的精子；而雌蕊伸着柱头、下方有子房，也就是植物的子宫，子房里藏着雌蕊所制造出来的胚珠，相当于动物的卵子。当精子碰到卵子，也就是那个花粉遇见胚珠，那就是植物的结婚大典了。

你也许会问：既然雄蕊、雌蕊同在一朵花上，那近水楼台先得月，自己来不就好了？但你也知道那是“近亲繁殖”（变成近水楼

构树的雄花是柔荑状的

构树的雌花是球状的

台先淹水？），乱伦其实并非不道德，而是不健康，大家都知道，血缘太相近了容易降低下一代的质量，就算有些动物会乱伦，那也是在找不到、不得已时，如果能和别人交换基因，还是对下一代比较好的！

植物不只不乱伦，也不杂交，也就是说如果百合的花粉碰上玫瑰的胚珠，是不会生出一种叫“百合玫瑰”的花来的，只有同种族的花粉粒到达雌蕊的柱头时，才会长出一条花粉管，花粉管穿过花柱向下生长，不断伸长进入子房（和动物的交配何其相像！）到达胚株，这时花粉粒就会放出精子（你今天终于知道：植物也是会“射精”的！），而雌蕊所制造的胚珠就变成了种子，好！受精成功，怀了种子，这个植物“怀孕”了，可以告诉大家：“哈哈！我有喜了。”

包着珍贵种子的子房渐渐长大，变肥变壮，就成了果实，果实会被各种（限素食与杂食者）动物吃掉，把种子随意丢弃在地上，种子就会萌芽长大，一株新的植物由此而生了！

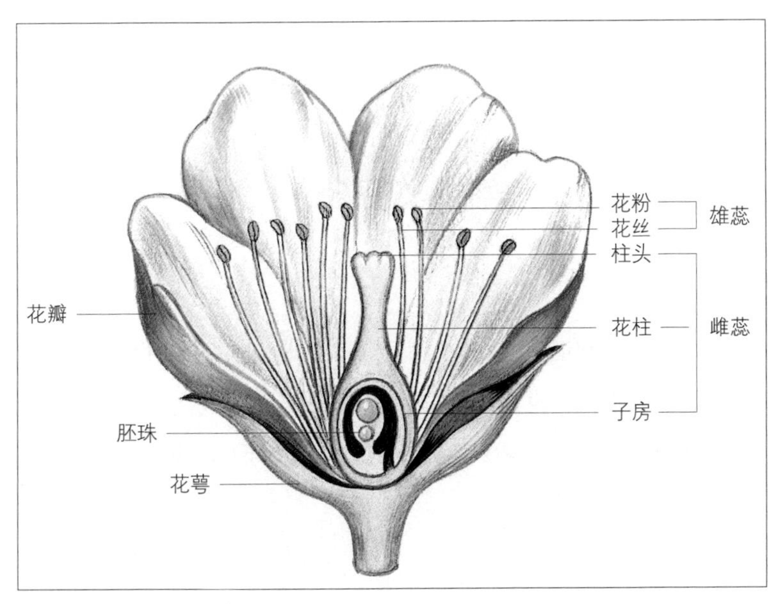

植物性器官示意图

24. 如何找到好“媒婆”

花儿想找到好“媒婆”，可是需要本事的。有的争奇斗艳，有的香气逼人，为了在绿油油的草原上第一个被看到，还得努力地去“色诱”才行！

大家已然知道了植物的厉害，不必移动就可以“射精”，但它一定得有帮手吧？没错，没错，植物自己既不会动，就要靠它花朵上的花瓣及花萼（这是不论公母都有的），努力地去“色诱”那些“媒婆”才行。

谁愿意当花的“媒婆”呢？哦，太难听，叫做拉皮条，呃，还是叫中介好了。要吸引中介，首要的就是产品当然要看起来漂亮，所以花朵有各种缤纷的色彩，在绿森森的树林里、绿油油的草原上，都可以第一个被看到！

花要长得鲜艳，就必须由花朵上所含的花青素来表现（叶子上也有花青素，所以到了秋天叶绿素功能不大时，花青素就出来让叶子变红了），你是否注意到高山上或是高纬度（如日本、加拿大）的花特别鲜艳呢？那是因为一来高山上阳光强、紫外线多，必须多一些花青素才能对抗；二来也是因为这两“高”的温

花儿各出奇招，就是为了引来“中介”传播花粉

暖时期都比较短，只有八九个月甚至半年不到，所以花要早早地开，更要常常开。

那如果长得不够漂亮怎么办？真的有啊，例如绿色或褐色的花，它们是靠风、靠水传播的，根本不需要“招蜂引蝶”，那还费心打扮什么？素颜相见就可以了。

至于有些花想吸引小鸟来吃蜜传粉，它就会长得比较大朵（能够承重），而且是红色的（最吸引鸟类的颜色），所以台湾俗语“大蕊（朵）红花”也不是没有根据的！

但是一样米养百样人，花也一样，总有长得不起眼、不好看，甚至不容易发现的，那怎么办？原来它们利用自己的花托、花萼，长出“假花”来，也就是所谓的中性花。

原来除了公花、母花、公母同花之外，还有一个怪怪的中性花，又叫假花，其实它们很好辨认，就是没有花蕊，不管雄蕊雌蕊都没有，最简单的例子：请问圣诞红的花（通常称为一品红）是什么颜色？红的？非也非也，仔细看最上面黄色小朵的才是它的花，而红色有叶脉的部分就是它的“假花”、中性花，用来增加它鲜艳的色彩，吸引蜜蜂蝴蝶过来之后，旁边的“真花”还是可以提供花蜜、送走花粉的呀！

像九重葛（通常称为三角梅）、绣球花、华八仙（通常称为琼花）都是这种以假花来打扮自己，却“真的”可以结成婚的，够聪明吧！下次遇见，麻烦你多看它两眼。

如果实在不行，例如长成白色或淡紫色，又没有假花帮忙，那就只好拼香味啰！以地球上约二十万种的开花植物来说，有香味的大概只占五分之一，可以说是奇货可居。

江蕙的歌《花若离枝》里唱得很清楚："红花无香时，香花亦无红艳时。"就说明了红花不香、香花不红，人家可不是乱编的哦。所以我们常常闻到白花比较香，这不是没道理的。

这些香花在花瓣的薄壁中含有油细胞，分泌出来的芳香油具有香氛，而芳香油又特别容易在空气中扩散，尤其是出大太阳的晴天，温度越高芳香油分泌越多，你就可以闭上眼睛张大鼻孔闻个过瘾了。

更厉害的是夜来香，它不必靠高温来增加芳香油，而是它的花瓣构造特别，花瓣的气孔在空气湿润（夜间的空气比白天湿润）时张大，蒸发的芳香油会增多，甚至阴雨天也是如此。那它为什么要

绿色的花不是长得不够出色，只是不需要费心打扮

和别的香花反其道而行呢？因为它要吸引的中介不是蝴蝶而是夜间活动的蛾呀！

有些花原来明明很香的，忽然不香了，不用担心你的鼻子不灵了，而是植物非常“现实”，只要授粉成功，花香自动消失，就像鲜艳的花也就变淡一样。有时在山林看到一丛秋海棠，颜色却是有红有白（极淡的红），我就会跟大家说：红的未婚、白的已嫁，你们了解了吗？

但是海芋呢？海芋不鲜艳（白色）、又不香（还有微微的臭），那它又凭什么去找媒婆，呃，中介呢？下一篇再告诉你。

“媒婆”名单总览

除了常见的蜜蜂、蝴蝶，到底还有哪些动物或主动或被动地担任“媒婆”呢？为数可还不少，例如蛾（夜间的蝴蝶）、胡蜂，还有蜂鸟（有名的采花贼，当然得付出代价）、苍蝇、蚊子（没想到吧？它不是只会叮人而已）、甲虫、壁虎、石龙子（蜥蜴类）、蝙蝠、负鼠、猴子甚至狐猴（马达加斯加特产），反正只要是吃花的难免都会沾到花粉，说起来它们可是阵容强大呢！

25. 招蜂引蝶，各有一套

大家都比美姿、比香气，比不过的要怎么办？没关系，纵使蝴蝶不疼、蜜蜂不爱，苍蝇也会到处飞啊，由它来传粉就行了。

虽然也可以靠风、靠水来传播花粉（精子），但只靠“风水”的风险实在太大了，所以还是自己开漂亮或芬芳的花，来吸引蜜蜂、蝴蝶等比较好。但大家都比美姿、比香气，那么比不过的要怎么办呢？像海芋既不鲜艳也不香，无论怎么“招蜂引蝶”，都没办法让人家来“拈花惹草”，没关系，纵使爷爷（蝴蝶）不疼姥姥（蜜蜂）不爱，苍蝇也会到处飞啊，由它来传粉就行了。

如果你是喜欢海芋的人，希望你不会觉得太失望、小恶心，其实海芋也有它自己的心声：比美、比香比不过人家，那我比臭还不行吗？其他像掌叶萍婆、姑婆芋也都是以臭取胜、属于“蝇”字辈负责的。

其实花不只有臭味，还有大蒜味、醋味、可可味、胡椒味……可以说是百味杂陈，像开餐厅一样，各自吸引不同的昆虫前来，目的无非是为了要它们吃花粉、吸花蜜时，多多少少带一些花粉出去，帮它达到传宗接代的目的。

说到花粉，可是在三亿年前就出现了，也就是说，地球在三亿年前开始有植物开花。而花粉在1827年被研究出来会施行“布朗运动”，也就是悬浮在水中的花粉，会做连续快速而不规则地随机移动，换句话说，不管风或水在传播它，它也不是傻傻地“跟”着走，而是会随时找授精的对象，如果你直接以“花精子”来称呼花粉，就更能明确地了解，一棵植物会开那么多花、产生那么多的花粉，搞的就是“精海战术”，希望千万大军齐发，总有一两个能打到胚株（也就是未来的种子，应该叫做卵子），如此就可以不至于“绝后”、代代繁衍下去了。

常用香水百合来插花的人就知道：要把雄蕊上的花药（内藏花粉）先摘掉，否则等它自然掉落在桌上、桌巾上或地板上时，是非常难以清理去除的。换句话说，它跟动物的精子一样，非常黏。台湾话中有一个词语“洨洨澊澊”，指的就是精液和鼻涕，这两样是人感觉最黏的东西，用来形容纠缠不休、夹缠不清的人。而花精子在这一点的表现上，比起人来也是毫不逊色的。

但只供应花粉似乎太平常，像平价小吃一样，菜色缺乏变化，无法满足所有客人，所以很多植物还会提供特餐——花蜜，让昆虫吃到高级的料理，有更多机会沾到花粉。

为了确保花粉最好能沾满昆虫全身，花蜜通常躲在花的最里面，而且花的造型为什么有各式各样呢？就是为了让特定的昆虫才能进得来、吃得到，这样它带着花粉离开之后，才会找到一样造型的花去授精，才有成功孕育下一代的机会呀！

所以很多花不只是单色的，上面还有不同色彩、花纹甚至

蝴蝶口器是根蜷曲的吸管

线条，基本上那就是在标示花朵和蜜腺的所在地，像交通标志一样：左转，前行五公里，在此停车……有引导它们进入正确道路的作用。

像杜鹃花，花朵上的花样很像吐了一口血（所以才有杜鹃啼血的浪漫说法），而这斑斑在目的红色，在昆虫看来就是“哇！好多蜜”迫不及待地要上门来了。

又例如很多花是细长状的，蜜腺藏在类似极小水管的最里面（这在植物学上叫做“距”），那有谁吃得到呢？放心，请看一下蝴蝶口器的造型，完全就是一只长长的、平常可以卷起来、必要时能伸长出来进入狭小空间“吸蜜”的吸管，不管什么“距”都是“拒”不了的呀！

达尔文曾经在非洲的马达加斯加发现一种大彗星兰，它的花距（也就是藏花蜜的细管子）竟有三十厘米长，他就一口断定这里一定有一种蝶或蛾的口器长达三十厘米。那么长的嘴巴？怎么可能？一直没有人相信这个推论。一直到四十年后，《国家地理杂志》的工作人员，终于在马达加斯加拍到了一只叫长喙天蛾的，它的口器有多长呢？等一下告诉你。

花粉也有人采

大部分的昆虫动物都是为了吸食花蜜，不小心或不得已沾到花粉，成为植物的“媒婆”。但蜜蜂不同，除了采蜜，它也会采集花粉，它的脚上就有花粉囊，可以装载体重一半重的花粉，甚至比花蜜还重要，因为花粉富含蛋白质与维生素，必须靠它来养幼蜂、喂蜂王、酿蜂蜜，所以对植物来说，真心帮它们达到交配目的的只有蜜蜂而已。如果说地球上70％的植物靠蜜蜂延续后代，应该不算夸张的说法，可见得蜜蜂大量消失是多么严重的事。

26. 为了取精，各显神通

植物们为了取精还是各有手段，不只推出“高档次料理”——花蜜，还追加各种服务。而无法以质量见长，又不能以服务取胜的，就只好用心机、耍手段了。

有花距长到三十厘米的大彗星兰，自然就有口器长三十厘米的长喙天蛾专门帮它授粉，否则这种植物就不会流传下来，这种“专用媒婆”真是令人羡慕呀！

其实植物们还是各有手段的，虽然推出了“高档次料理”——花蜜，但又怕客人不来，所以还追加服务：像绣球花的许多小花就形成平台状，方便昆虫站着取食；野牡丹用五枚短雄蕊吸引昆虫，用另外五枚长雄蕊供昆虫停靠（顺便沾附花粉），算是附有停车场的餐厅；阿勃勒（又叫“黄金雨”）则是中央的短雄蕊供食用，另三枚长雄蕊成弧状站立，昆虫站在上面摇摇晃晃，但并不影响取蜜，而且在摇晃间又沾到了花粉——这可以算是附有游乐器材的餐厅吗？

有的餐厅服务更好，像冇骨消这种蜜源植物，只要种几棵在院子里，包你常常有蝴蝶光临。它干脆把蜜装在一个小小的、橘色或

野牡丹用五枚短雄蕊吸引昆虫，另五枚雄蕊供昆虫停靠

黄色的蜜杯里，连找都不用找，生意自然会好——这当然也是因为它的小花太不起眼了。

但跟人一样，有些无法以质量见长，又不能以服务取胜的，就只好用心机、耍手段了。像山月桂或金雀花，蜜蜂飞到它比较低的花瓣时，重量就会让上面的一只雄蕊下垂，直接把花粉撒在蜜蜂身上，做的可以说是“无本生意”。

而马利筋草是由一对对小型的鞍囊装着花粉，不等蝴蝶找到蜜源，它就会勾住蝴蝶的脚，让花粉被带出去——如果前者是空中部队，这一个就是地面打击部队了！

某些兰花更直接，它可以发出苍蝇或黄蜂求偶的味道，直接就把对方吸引过来，这和咖啡店或烘焙坊把风口朝外，以飘香吸引顾客，有异曲同工之妙。

更有趣的是某些兰花，它会长得很像某些蜜蜂的样子（为什么如此我们真的一点都不知道，只能说是造物主的神奇——或恶作剧），蜜蜂看到同伴就会靠过去碰碰它，于是沾到花粉了，蜜蜂发现原来是异类而飞走时，就顺便把花粉带走——成功啦！但聪明的你一定会问：那蜜蜂上当一次而已，下一次不就骗不到了吗？抱歉，据说蜜蜂的记忆力只有四分钟而已，所以过不了多久，它又去碰那朵长得很像它的兰花，又傻傻地去帮它传粉了。

下次骂人没记性，你就可以说：“你是蜜蜂啊？”

但是植物也和人一样，不见得都是好人，努力提供服务；也有一些像是奸人，想尽办法用骗的，原来植物界也有歹徒！

例如魔芋，它就会发出腐臭的肉味，吸引埋葬虫（真是名副其实）过来，因为花壁很滑，虫会一下子就跌落其中，但不到受伤的

长得像蜜蜂的兰花，见证造物主的神奇

地步，于是这虫就成了这花的囚犯，被关上整整一天，还好这花不像猪笼草会直接把虫吃掉，而是在晚上雄蕊会挤出花粉，强迫洒了虫子一身，然后才会下令："好，你可以走了。"但花壁滑滑的怎么出去呢？说也奇怪，这时花壁却不知不觉由光滑变粗糙了，埋葬虫可以带着满身精子爬出去，直到它又掉入另一朵魔芋的花里……

这种"强迫取精法"虽然粗暴，但是效果不错，马兜铃也用这招：雌蕊先发出腐臭味，蝇类钻进来后，花筒内倒生的逆毛就让它走不掉，不过这个"监狱"还不错，有供饮食（花的底部有蜜腺），一个晚上之后雌蕊枯萎了，雄蕊成熟、花药裂开，花粉沾在蝇的身上，更奇妙的是那些"防御用"的逆毛也都萎缩（监狱门开了！），让小蝇可以重见光明，直到它又钻入另一朵马兜铃中……

如果你觉得这两种植物够狠、够毒，那我们不妨来看一下，看起来高贵又幽静的睡莲，它才是真正狠毒的杀手：它的雄蕊看起来好像连接在一起，是一个很好降落的平台，但昆虫一站上去，才知道其实雄蕊之间都是缝隙，而且雄蕊本身光滑直立，昆虫站不稳，很容易掉到花蕊里面，而看起来相连的雄蕊底下盖住的正是雌蕊的柱头，这时从水面上落入水里的昆虫正好把花粉带过来，完成授精的功能，但……虫已经掉入水中了，它还活得了吗？且待下回分解。

有骨消的蜜杯很容易吸引蝴蝶造访

柱头的黏液与细毛

如果说雄蕊的特色在花粉，那么雌蕊的特色就在柱头了，也就是雌蕊的顶端，那个经常伸得长长、在最外面准备“接客”的家伙。

柱头有些是棒状，有些呈头状，也有呈分裂状的、羽毛状的……不一而足，但共同的特征就是会分泌黏液，或者长了很多细毛（如果现在身边有花，不妨用手指试探看看），黏液和细毛的主要功能就在于花粉不管是“媒婆”带来的，或是风吹过来的，都要负责把它挡住，才不会白白浪费了。

27. 植物界的《后宫·甄嬛传》

大部分植物虽然表面平和柔顺，但是为了生存，都和《后宫·甄嬛传》一样钩心斗角，最后斗赢的，都是狠角色。

前文说到看来幽雅高尚的睡莲，竟然是用雄蕊平摊在上，看来是很好站立的一片广场，其实中间都是空隙，而且雄蕊光滑直立，昆虫站上去刚沾到花粉，一不小心就跌下去，而下面正是雄蕊“偷偷”盖住的雌蕊的柱头，于是掉到水里的昆虫就用身上的花粉帮睡莲“交配”成功了，而自己会不会淹死或侥幸逃出来，那就不是阴险狠毒的睡莲所关心的，它可能只是发出女巫般的笑声吧……

比较起来，“合则两利”的北美洲丝兰（植物）就好多了，母的丝兰蛾（昆虫）会从它身上采一堆花粉，然后在另一朵丝兰的子房上产几个卵，把花粉团压在雌蕊的柱头上，丝兰的种子会发育成功，就成为幼虫的食物，但幼虫吃不了那么多，剩下的种子仍可帮丝兰繁殖后代——你看看，这样“互相利用”，比起你死我活不是好多了吗？

其实大部分的植物虽然表面平和柔顺，但是为了生存，都和《后宫·甄嬛传》一样钩心斗角，例如说：花开的时间必须跟动

月见草，顾名思义，见月才开

物“媒婆”活动的时间配合得很好，甚至可说是天衣无缝。我们不是一大早就看到牵牛花开吗？它的日本名字就叫“朝颜”，是个一大早就起床、抢早市做生意的家伙，当然它的客人就是白天活动的蝴蝶。

既然有“朝颜”，那“夕颜”又是谁呢？瓠瓜这个名字虽然有点土，但它的艺名可正是夕颜呢！不用说，它的客人是晚上才出来活动的蛾，大家壁垒分明，开夜市不抢早市的生意。

另外一个有名的就叫月见草，顾名思义，一定是“月”亮出来才“见”得到的，它还有一个更美的名字叫“宵待草”，等待春宵？或者你要说等待夜宵也可以，反正它是做晚上生意的。

有一些植物比较“龟毛”，也可能是它的客户比较挑剔，不只是白天而已，还非要有阳光不可，像肉穗野牡丹、酢浆草都是有阳光才开，阴雨天是不做生意的。

金午时花更好玩，它不管有没有阳光，过了中午就把花关起来，不知情的人还以为它是含苞待放，其实它只是像早餐店一样，做到中午就休息。

有早餐店，也有只卖晚餐和夜宵的店：紫茉莉在下午四五点，天快黑了才开花，所以从前农村里都把它叫做“煮饭花”，三姑六婆在村子里闲聊到发现紫茉莉开花了，就知道该回家煮饭了，当然也该把在外面的小孩叫回来洗澡，所以它也叫“洗澡花”。

各种植物开花的时间不同，就表示它们客户（虫）的活动时间不同，尽量配合之下，不但多争取延续后代的机会，也避免在太热闹的时间竞争对手过多而失败，所以也有不少植物是开“深夜食堂”的，反而可以另有斩获呢！

有些植物更复杂，像山芙蓉，它在清晨是洁白的，沾着闪耀的露水十分动人，中午开到极致时花瓣开始染上红晕，到了黄昏花快谢了，又是一种好像喝醉酒的红晕，一天三种颜色，所以有一个很美的名字叫做“一日三醉”，但这个醉美人很矜持哦！只开一天，如果没有人来惠顾，那就谢谢别联络啦！

有做白天和晚上生意的，那有没有做晴天和雨天生意的呢？有的，大花曼陀罗常被误认为倒吊的百合花，只因为它的花口向下，会散发出香水的味道，而阴雨的时候味道更浓，不知道它吸引的是哪一种风雨无阻的昆虫呢？

更有一些植物，不争一时而争一季，一般植物不是大多选在春夏开花，把握好时光吗？这些植物另有打算，它在春夏两季充分享受日照，到了秋冬别的花不太开了，它反而争相吐艳，虽然颜色比较淡雅素朴，但因为对手少了，所以还是有被青睐的机会。

但是你也别以为一切都是植物在主导，“媒婆们”为了花蜜只好乖乖帮人家取精、授精，有些昆虫鸟类性子特急，会直接啄破或咬破花朵的基部，让蜜汁直接流出来吸食，甚至连整片花瓣直接吃掉——想让我在身上沾一堆精子？没那么容易！

跟古代的后宫一样，最后斗赢的都是狠角色。

花开花闭有时

每一种花会随气温不同、阳光的强度不同、传粉媒介不同而选择不同的开花、闭花时间，比较明显的几种，时刻表如下：

开花时间	花种	闭花时间
4:00~5:00	牵牛花、野蔷薇	12:00
6:00~7:00	龙葵花、蒲公英	18:00
12:00	向日葵	18:00
15:00	万寿菊	不详
17:00~18:00	夜来香、紫茉莉	5:00
20:00~21:00	昙花	3:00

28.没有花的也开花

为什么别的植物花枝招展、百般颜色，有些植物却这么“矜持”把花藏起来？其实它们的“花”只有特殊的寄生蜂才能找到，别人是无法染指的！

即使看了前面这么多篇文章，还是有很多人不相信除了苔藓藻蕨，其他所有植物都是会开花的，例如有人说铁树不就是不开花吗？又有人说无花果不就没有花吗？甚至说从没看过家门口的榕树开花，就连家里种的万年青，好几年也没看它开过花呀？——请问作者先生，你会不会太轻率、太武断了？

一点也不！像万年青之类的观叶植物，因为生长条件太宽松了（插在水里就会活），所以不需要经常传宗接代，因而开花的周期拉得特别长，你不一定有机会见到。而“铁树开花”只是一个成语，形容特别罕见的状况，其实你可以留意一下公园里的各种苏铁（就是俗称的铁树），它们其实常常在开花的，别再以讹传讹了。

至于“不打自招”的无花果，如果你不是只吃它的果实，而有机会目睹的话，它其实长得很像果子、一颗一颗绿绿的“东西”，那不是果子，而是长成圆球状的花托（花托很爱管闲事，圣诞红的

无花果不是没有花，而是藏起来了

“红花”也是它的杰作），这个肥厚圆球的顶端向下凹陷，上面有一个小孔。如果拿把刀把这个圆球切开，就可以看到球的上半部有很多小雄花，下半部则是雌花，既然两种花都被“假果子”包起来了，从外观上看不到花，难怪会被叫做无花果啦！

但是花既然被藏起来了，那“媒婆”要怎么帮它“办事”呢？

有一种寄生蜂，它会把卵产在这个“圆球”里，随着里面的小花慢慢长大，蜂的幼虫也长大（羽化）了，它在花里面爬来爬去，身上就会沾满花粉，这时候就由顶端的小孔（也就是蜂妈妈下蛋的地方）飞出来，就是通过这样的方法帮无花果授粉。雌花被授粉了以后，就会结成小果实，而原来那个“冒充”果子的花托，也会跟着长大、变色，成为柔软多汁而略带甜味的“果肉”了。

同样“不开花”的榕树也是一样的：一到夏天，它的枝叶间长满了一个个小圆球，甚至长到枝干上去了，有绿的、红的也有黑的，引来无数的野鸟大吃自助餐，甚至有的榕树就直接名叫雀榕、鸟榕，摆明了要让鸟雀吃个高兴、鸟友们拍（照）个高兴的。

但是这些小圆球严格来说并不是榕树的果实，只是它的花序而已，真正的小花开在球里面，结的小果儿自然也在里面。小花还可以分成三种：一种雄花、一种雌花、一种虫瘿花。虫瘿是什么呢？有些昆虫去刺激植物的叶子，让它分泌出保护自己的汁液，就此把自己生的卵包住，从外表看来叶子上一粒一粒的，好像是病了（所以瘿是病部），其实是虫的“婴”儿在里面，所以叫虫瘿。

这个虫瘿花的子房（等同动物的子宫）却是空的，为的是让榕果小蜂在雌蕊成熟时进来产卵，之后化蛹，最后长为公的或母的小蜂，它们又会互相交配，完成时雄蕊已经成熟，小蜂沾了花粉钻出来，又进入其他的榕果，继续下一轮的交配生殖……也就是说榕果小蜂短短的一生，几乎都在这个貌似果子的圆球内度过，而它传宗接代的方式和别的植物并不同，只是它的花都藏在小圆球（学名叫隐花果）里而已。

为什么要如此麻烦呢？别的植物花枝招展、百般色诱，榕树一族（还有爱玉子、无花果、菩提、橡胶树等，另外一种叫薜荔，台湾马祖特别多）为什么偏偏这么矜持把花藏起来，不就很难被找到吗？

其实这是一种聪明的“逆向操作”，因为只有各种特殊的寄生小蜂才能在各种长着“隐花果”的植物里产卵，别人是绝对无法染指的，即使同样是榕树，每一种榕树例如牛奶榕和雀榕，它们都各有不同的专属小蜂；换句话说，这是代代相传的“专卖”事业，别人想做也做不来。而小蜂因为要利用这些小圆球抚育下一代，当然毫不犹豫地钻进去、生下来、孵出来、钻出来……“顺便”帮它达成交配的功能，可以说是标准的“互利共生”了！

这样了解了吧？下次看到榕树，不妨好好地观察它的隐花果和寄生蜂，那可是植物界神奇的“大卫魔术”呢！

隐花果还有……

同样属于“隐花果”家族，就是明明有开花却看不到花，花是藏在果子里的植物，除了有名的橡胶树和无花果，我们常吃的爱玉也是成员之一，它的长相大小都跟土芒果差不多，只是身上多了一些白色的斑点，因为把花藏在果实里，所以爱玉的英文可以叫Fig Jelly（无花果果冻）或Aiyu Jelly（爱玉果冻）。

另外，台湾马祖还找到了一种跟爱玉很像的薜荔，可惜它不能做“果冻”，所以被当地人叫做“假爱玉”。

29. 自给自足活得更好

在恶劣环境下还能欣欣向荣的蕨类，有许多值得我们学习之处：它低姿态、低要求，而且完全自给自足，一个人生活比较自在。

既然绝大部分的植物是会开花的，而花就是植物的性器官，那么大家所熟悉的苔藓类或是蕨类，这些不开花的植物，不就是显然没有性器官，因此也没有性生活，那又如何传宗接代呢？

苔藓类靠的是孢子，一个孢子囊里常有成千上万个孢子，极小极细，风一吹或被轻轻一碰就四处飘散，落地发芽，但它自己虽然没有性别，它的新株却好像沿着绿色的细线般，在地上一路长出来，而且有公的，也有母的！雄株和雌株各自成长，因为距离较近，这一次可以不靠风，只靠着水（例如露水、雨水或流水，以露水为主要，因为每天都会有），雄株的精子就会跑到雌株的卵子里去，然后新一代的孢子新株，就直接从雌株上长出来，所以有人误以为苔藓上长得不太一样的突出部分是开花，其实不是，那是长出来的新株！

长出来的新株还是没有性别，怎么办呢？就再重复原来的老套，将孢子洒落地面，再长出雄株和雌株，再结合、长出新株——

鸟巢蕨就是常吃的山苏

换句话说，苔藓用“无性”和“有性”两种方式隔代生殖，还是可以遍布全世界的啦！

至于蕨类呢，它比较复杂一点，即使连外形也是：有长得像树的笔筒树、桫椤，也有像爬藤的伏石蕨，还有高挂树上的鸟巢蕨（就是我们吃的山苏）、崖姜蕨，更有一条条从树上垂挂下来的书带蕨，还有很多像一片树叶、却没有树枝树干的，那叫石苇或瓦苇，至于我们平常看到羊齿状的蕨，算是为数最多、也最平常的蕨类，总之“族繁不及备载”。它们大概符合以下四个条件：一、幼叶呈卷旋状；二、除树蕨外无明显茎干；三、不会开花结果，以孢子繁殖后代；四、世代交替，就可以算是蕨类了。

蕨类虽然被视为低等植物，但它从侏罗纪的时代和恐龙一起，到现在恐龙早已绝迹，它却还保持原来的样子而且活得好好的，连演化都不需要，想必有其过人之处。

蕨类（又叫孢子体）也一样身上满满都是孢子囊，孢子成熟后随风飘散，如果落到适当的环境中，就会萌发成原叶体（又称配子体），大部分都像一片心脏形的叶子，但可别小看这颗“心”，它的配子体里面既有藏精器也有藏卵器，所以自己的精卵子可以结合，发育成小小的幼芽，长大后就变成和它“祖父祖母”一模一样的蕨类（也就是第三代的孢子体）。

发现了吗？这家伙和苔藓一样，也就是前面条件四所讲的“世代交替”，一代是蕨类植株（孢子体）、一代是有精有卵的原叶体（配子体），只不过它比苔藓更厉害的是：苔藓的第二代至少长成有雌株和雄株，而它却直接变成同一个藏精器和藏卵器的原叶体，（以动物来说就是雌雄同体啦，记得蜗牛吗？）自给自足就好了。

身上满满都是孢子囊的蕨类植物

如果你比较细心，会发现并不是所有蕨类的叶子上都有孢子，就拿又叫抱树蕨的伏石蕨来说，它的叶子一种是圆的，显得矮胖肥厚，叫营养叶；另一种则是瘦瘦长长的，叫生殖叶。它们各有不同的功能：矮的先长出来，年轻时整株都是，它们是负责行光合作用，负责长大的；等青春期到了，高的才出现，并且在背面长满密密麻麻的孢子囊，它细长的身子就是为了孢子囊成熟、弹出孢子时，可以飞散到更远的地方、多一些生长的机会。

这就是蕨类最令人佩服的地方了！它的姿态很低，大都匍匐在森林的下层（除了长成树或在树上的之外），不跟别人抢地盘，只负责填满没人要长的地方；它的要求也很低，不需要很多阳光，也不需要很多水（不像苔藓缺水不行），土地不够营养也可以生长；更厉害的是完全不像一般植物的花朵，大都要千方百计使尽方法让“媒婆”来帮它交配，万一长的地方刚好缺乏这些媒介，或者植物很多、竞争激烈，反而比蕨类“绝种”的机会更大一点。

这种恶劣环境下还能欣欣向荣的蕨类，是不是很值得我们学习呢？一、低姿态，别太高调以免招忌；二、低要求，歹年冬苟且偷生；三、自我繁殖，不结婚生育，一个人生活不会太艰困……呃，我的论调好像在助长人口老化、少子化，还是不提了，当我没说。

30. 无性生活又如何？

竹子在无性生殖一段时间之后，会为了散播花粉，整区的竹子一起开花，再从头长出竹子来，然后原本的竹子就全部死亡，有没有一种“从容就死”的悲壮？

讲植物性生活讲了半天，最后结论却好像是没有性生活（不开花）的植物比较厉害，这样是不是有点自打嘴巴呀？

其实苔藓和蕨类的“世代交替生殖法”固然厉害，但开花的植物界也不是没有这种例子的，例如竹子！很多人爱吃竹笋，到了竹林里却到处看不到竹笋，还猛问：“竹笋呢？怎么没有竹笋？”

如果有清晨就起来的“挖笋阿嬷”一定会在旁偷笑吧！岂不知竹笋就是竹子“无性生殖”、不靠交配就长出来的“宝宝”！但这这个“宝宝”长得奇快，有的一夜长十几厘米也不足为奇，你只要稍微犹豫，没趁它刚露出地面前去采它，它很快就长成高耸的竹子了！

这也是个奇迹！因为它明明生了“小孩”，却没有经过“交配”的过程，这和海鬣蜥的“孤雌生殖”（还记得“处女生子不稀奇”那篇吗？）简直有异曲同工之妙。

菇类也是靠孢子来繁殖后代

但我们也知道，不管动物、植物，交配的目的都是为了交换基因、强化物种，所以你自己一直自体交配（同一朵花的雌雄蕊“乱伦”），或近亲交配（同一家族的动物“乱伦”），基因就会逐渐弱化，物种也就变得衰微，很难在“物竞天择”的环境中成为胜利者，或者说，幸存者。

因此竹子在无性生殖（用竹笋繁殖后代）一段时间之后，它会开花！而且是在五年、十年甚至更多年的“单身”生活之后，整个区域的竹子一起开花，花粉大量远远散播到其他地方，再从头长出竹子来，这样的“新竹”一定是比较健康、强壮的，而原来的竹子就全部死亡，结束它们的阶段性任务——有没有像鲑鱼返乡产卵，有一种“从容就死”的悲壮？

讲到这里，一定会有人提出检举：还有一种不开花的你没说到！就是菇类。其实不是我没说到，而是不好说，这种真菌类（包括各种菇类、灵芝、木耳甚至松露等），有人认为是植物，有人认为应该是动物、植物之外的第三类……这种复杂的事我们且先不说，反正它们是靠极微极细的孢子来繁殖后代的。成千上万的孢子飞散出去之后，会选择较阴湿的环境萌发，但它是先长成细细长长的白色或褐色菌丝，接着菌丝再快速分裂增殖，并互相纠结变成菌丝体。这一切都在木头里面或地底下发生，一般是看不到的，有机会参观人工种植香菇时可特别注意观察。

至于我们看得到的，最一般是伞状，也有各种奇形怪状的，突出地面或腐木表面的，就是菌柄和菌伞了。菌伞下面是一条一条的皱褶，里面藏满了千千万万的孢子。有一个游戏你不妨试试：对着香菇或蘑菇的伞轻轻弹指，会有像灰又像烟的粉散发出来，那就是大量的孢子啦！

由此又可以看出菌类和蕨类的不同：它没有绿色的营养体，所以要靠吸收腐木和地里的养分为生——如果你看到树上有菇，表示这树烂了（至少是一部分）；如果地上有菇，表示地下可能有尸体（禽、兽、昆虫都有可能），因为它一定要吸收别人的养分才有办法生长，听说最滋补的菇，就是棺材上长的“棺材菇”呢……嘿，谅你没胆尝尝看，我当然也不敢。

完全是无性生殖（它不像苔藓蕨类还有世代交替）的菇，还创造了一个奇迹：把虫变成草！这未免太神奇了吧？冬天的虫，夏天会变成草吗？其实是夏天有一种蝙蝠蛾（昆虫）会把卵产在泥土中，而冬虫夏草的真菌，它的孢子随着水渗透，寄生到这种蛾的幼虫身上，透过吸取幼虫的养分繁殖。等幼虫死了以后，它的外壳还是保持完好，菌丝就一直寄生在里面而且慢慢长大。因为这时是冬天，人们看到的是“冬虫”。到第二年天气回暖，菌丝冒出地面、长出像草一样的真菌座（就类似香菇的伞柄啦！），所以人们看到的成了“夏草”，才误以为冬天的虫到夏天变成了草，因为稀奇就觉得宝贵——其实所有的真菌类因为吸取别人许多养分，它们本身都是非常营养的——但真正的冬虫夏草很少，市面上买得到的多半是假的，小心上当！

冬虫夏草，非虫非草，乃非常厉害的真菌类是也！

长在叶子上的花

大家都知道花可以长在树枝、甚至树干（茎）上，但有没有想过花长在叶子上的情形呢？或者这只是一种幻想？有的，这样植物就叫做“叶长花”，在溪头和东埔湿凉潮湿的森林中成长。

因为长在叶子上，它的花很小，而且是绿色的，从叶片的主叶脉上开出来，不仔细看的话根本没注意到，还以为是“虫瘿”呢！开花不久就会结出紫黑色的果实来，虽然比较容易看到，但大多会把它当成鸟屎或虫粪吧！这样的花如何吸引“媒婆”来帮忙传粉呢？（提示：花是绿色的）

原来还有花会直接长在叶子上

31. 人类爱与性的演化

人类的演化产生了自由恋爱，没想到竟可以根据爱情来选择对象，不用考虑基因，不用比美比力气，麻雀可以变凤凰，凤凰也可以变成鸡。

看遍了动植物的爱与性之后，大家不免和我一样，产生同样的好奇心理：以哺乳类动物来说，公的多半不能确认和自己交配的对象是不是“初夜”（或初日），还有对方之后会不会另有小三、四、五、六……更重要的是，自己的交配成功吗？确定会有后代吗？

带着这样的惶恐，公的必须尽量找更多母的来交配，而且越多越好，但还是难以确定是否有后（除非像狮王、海豹王那样建立自己的后宫），只能以尽量增加交配量来提高能传宗接代的机会……也因此，乱交、滥交，乃是雄性哺乳动物之天性也。

而母的则清清楚楚自己从何受孕，应该也清楚自己的对象是挑选过的好“基因”，从肚子里生下来的当然是自己的小孩，一点也不用担忧是否会“绝后”，她只要努力把孩子养大（因她多半是单亲妈妈）就可以了，所以她慎重、收敛、端庄。

既然人的祖先也是哺乳动物，男人则“当然”遗传了这样的基因，历数万年而不衰。但是男人为什么会改邪归正了呢？纵使中国古代还是可以三妻四妾，但至少夫妻关系是确定的，夫会养妻、也会一起养育小孩，这已经是雄性哺乳类的大突破了！而之所以能有此突破（甚至可以说突变）的原因，就在于女人忽略了、忘记了……总之是女人不知道她的排卵日了！

任何一种雌性应该都知道她何时排卵，因为这样她才好发情、好色诱雄性、好交配“有效”，但公的当然也就在交配之后，因为急着找别的对象继续交配而弃她、甚至弃她们母子而去。

而女人既已不知道自己的排卵期，男人纵使与她交配，也不知她是否会怀孕产子，只好留下来继续与她交配，无形中就负起了部分供养和保护她的责任，等到女人一旦怀孕，男人很清楚这是自己的子嗣，当然乐于继续供养和保护这对母子……于是，人类的一夫一妻制基本上就这样成形了。我们不知道最开始是否女人故意不让男人知道（如果是的话，又再度证明了女人比男人聪明），反正演化到现在，绝大部分的女人已经不能确知自己的排卵期，每每为了算日子、量体温而头痛不已，但失去这个“天赋”，却使得人类的文明向前迈进了一大步。

这也就是古代为何如此坚持所谓“贞节”，坚持一定要“处女”，唯有如此，男人才能确定他所要供养及保护的，不是别人的孩子。

而为何重男轻女呢？因为女儿终究要出嫁，成为别人家的“生产力”，是一件不划算的事（所以古称女儿为赔钱货）……好在这些女性的噩梦都早已是旧时代的事了。

人类的演化还不止于此，还产生了所谓的自由恋爱，也就是不考虑基因的择偶方式：人类既然文明了、社会化了，当然不用像动物般比美比力气，但可以比社会地位、比家庭财富……这些也是“优秀基因”所带来的啊。没想到从简·奥斯汀到琼瑶，这一大群女作家影响了女性，竟可以根据毫无理性可言的爱情来选择对象，自然而然也打破了旧社会的阶级性，麻雀可以变凤凰，凤凰也可以变成鸡，人类真是越来越平等了。

另一个演化上的大奇迹，就是人类不需要“有后”了！所有的动植物，都以繁衍后代为最重要目标，甚至不惜牺牲自己生命，因为它们都觉得：血脉相承，才是真正的活（LIVE）。可是人类居然大跃进一步，有很多人认为人生（LIFE）可以自我完成，不一定非有后代不可。

这么一来，性和生殖没有必然关系，甚至完全脱钩，“享受性爱、不要小孩”的丁克族越来越多，人类的存亡绝续也面临极大考验，你看各个先进国家都面临不同程度的人口老化、少子化、生产力衰退问题，也就是说，再这样下去，人类“灭种”的危机越来越大了！

好在那时候，你我都已不在了，干吗还这么担忧?

参 考 书 目

杨维晟. 赏虫365天（春夏篇+秋冬篇）. 台湾：天下文化

许晋荣. 野鸟放大镜（食衣篇+住行篇）. 台湾：天下文化

朱耀沂，卢耽. 昆虫Q&A. 台湾：天下文化

郑元春. 植物Q&A. 台湾：天下文化

大自然一千个为什么. 台湾：读者文摘

黄丽锦. 野花999. 台湾：天下文化

权秀珍，金成花. 向草与昆虫学科学. 张东君审定，施佩姗译. 台湾：木马文化

获益良多，特此致谢！